"十二五"职业教育国家规划教材

综合布线

主　编　雷可培　刘东霖　伦洪山

副主编　叶展勇　周斌兰　杨淼生

参　编　马　典　梁　仓　梁启友
　　　　何　焱　吴鸿飞　兰　翔

电子工業出版社

Publishing House of Electronics Industry

北京·BEIJING

内 容 简 介

本教材共 6 个模块，讲述综合布线系统理论、通信传输介质、通信网络结构、通信网络系统设计、安全施工技术和工程测试技术 6 方面内容，涵盖 21 个理论学习任务和 23 个岗位技能实训。教材从通信行业企业典型工种工作任务出发，"以物说技，以技论理"。结合通信工程安全技术、计算机网络、小型电话用户网络、视频监控网络、基站天馈线系统安装等实训和实例，由浅入深、由表及里、循序渐进地讲述通信网络综合布线系统理论和网络结构，体现"做中学，学中做"的理念。

本书可作为中等职业学校的教材，也可作为学习计算机网络综合布线知识的培训教材或自学参考书。

图书在版编目（CIP）数据

综合布线 / 雷可培，刘东霖，伦洪山主编. —北京：电子工业出版社，2018.1

ISBN 978-7-121-28771-8

Ⅰ. ①综… Ⅱ. ①雷… ②刘… ③伦… Ⅲ. ①计算机网络—布线—中等专业学校—教材 Ⅳ. ①TP393.03

中国版本图书馆 CIP 数据核字（2016）第 098651 号

策划编辑：郑　华
责任编辑：郑　华　　　特约编辑：王　纲
印　　刷：三河市华成印务有限公司
装　　订：三河市华成印务有限公司
出版发行：电子工业出版社
　　　　　北京市海淀区万寿路 173 信箱　邮编　100036
开　　本：787×1 092　1/16　印张：14.5　字数：371 千字
版　　次：2018 年 1 月第 1 版
印　　次：2018 年 1 月第 1 次印刷
定　　价：35.00 元

前　言

本书依据国家标准 GB 50311—2016《综合布线系统工程设计规范》，结合综合布线系统工程典型工作任务编写而成，内容包括 6 个模块，主要介绍了综合布线系统的基本概念、组成与功能、传输介质、网络结构、工程设计、施工技术及工程测试技术。

本书在内容选择方面遵循"有用、实用、管用"的原则，结合综合布线系统工程岗位要求，以物说技，以技论理。例如，对于综合布线系统的组成与用途，不是孤立地进行论述，而是结合建筑与建筑群中计算机网络、小型电话用户网络、视频监控网络等信息应用系统进行介绍。介绍网络传输介质时，则是将物理原理与实际岗位技能相联系，由浅入深，拓展思维。介绍综合布线系统设计技术时，将其与实际岗位工作环境相结合，侧重于线缆接续、设备安装技能练习，同时强化制图、表格与方案撰写训练。介绍工程测试技术时，力求做到图文并茂，学以致用。

本书在编写时力求与时俱进，重点介绍目前网络通信系统工程安装与维护岗位应用的新方法与新技术。为体现"学中做，做中学"的教学理念，书中专门设置了 23 个技能练习，由浅入深、循序渐进地介绍了各种设计与施工技术。另外，本书根据最新颁布的GB50311-2016 标准，对于铜缆中的导线不再称"双绞线"，而改称"对绞线"。

本书模块一由重庆市龙门浩职业学校刘东霖老师编写；模块二由重庆市龙门浩职业学校马典老师编写；模块三由福建省邮电学校周斌兰老师编写；模块四由广州市信息工程职业学校雷可培老师编写；模块五由广西理工职业技术学校伦洪山老师编写；模块六由广州市信息工程职业学校叶展勇老师编写。全书由雷可培老师负责制定编写大纲和统稿。

本书编写过程中，得到了广东唯康科技股份有限公司吴少鸿、黄国成，广东百业信息技术有限公司池均祥等专家的大力协助和指导，在此一并表示感谢。

由于编者水平有限，书中难免有错误及疏漏之处，恳请广大读者批评指正。

目　　录

模块一

综合布线系统概述

综合布线系统与智能建筑

学习目的：
掌握综合布线系统的定义、组成和功能

 综合布线系统

综合布线，即"统筹规划，同步设计"建筑群或建筑物内各类信息传输光/电线缆和设备。

综合布线系统，就是用标准统一的高品质光/电线缆作为信息传输介质，采用标准统一的接续方式、连接件技术及信息处理设备所组成的一套完整而开放的建筑物或建筑群内公共通用的信息传输处理系统。它既使建筑物或建筑群内语音和数据通信设备、交换设备和其他信息系统彼此相连，又使这些设备与外部通信网络相连，支持语音、数据、图像、视频、监控、多媒体、物联传感等信息的传输和处理。

综合布线系统的定义可概括为，用电缆或光缆及关联连接硬件构成的支持多种信息传输应用系统的公共通用的布线系统。

一、综合布线系统的特点

综合布线系统是一个无源系统，它为各类网络设备提供了一个无源平台，是网络的底层和基础，对各类信息传输应用系统具有透明性、开放性。概括而言，其具有以下特点。

1. 先进性

综合布线系统将建筑物或建筑群内各类信息传输网络，严格按照国家标准统一规划，并进行开放式冗余设计和标准化、规范化施工；既充分利用光/电线缆信息传输能力，又综合发挥配套设备工作潜力，更便于信息用户需求的扩展。整个系统支持所有的通信协议，如 Ethernet、Token Ring、FDDI、ISDN、ATM、EIA-232-D、RS-422 等。

2. 兼容性

综合布线系统可以将不同厂家的各类设备综合在一起，这些设备同时工作且可相互兼容。综合布线系统对所有符合标准的生产厂商现有布线设备、部件、材料等产品均是开放的。

3. 灵活性

综合布线系统有充分的灵活性，便于网络的集中管理和维护。接插元件如配线架、终端模块等采用积木式结构，可以方便地进行更换、插拔；通过管理系统的管理功能，在无须改变布线系统的情况下可方便地调整各类信息的传输路由，灵活地改变系统设备和移动设备位置，使管理、扩展和使用变得十分简单。其灵活性表现为组网灵活、变位灵活和应用灵活。

4．可扩展性

综合布线系统（包括材料、部件、通信设备等设施）严格遵循国际和国内标准，因此，无论计算机设备、通信设备、控制设备随技术如何发展，将来都可以很方便地将这些设备连接到系统中去。系统采用光纤和对绞线作为传输介质，为不同应用提供了合理的选择空间。语音主干系统采用的线缆，既可作为话音的主干，也可作为数据主干的备份。数据主干采用光缆，其较高的带宽为多路实时多媒体和物联网信息传输留有足够余量。

5．可靠性

综合布线系统最根本的特点是可靠性。它在网络体系结构中是最底层，采用物理布线，与物理布线直接相关的是数据链路层，即网络的逻辑拓扑结构。而网络层和应用层与物理布线完全不相关，即网络传输协议、网络操作系统、网络管理软件及网络应用软件等与物理布线相互独立。每条信息通道都采用物理星形拓扑结构，点到点端接，任何一条线路故障均不影响其他线路的运行，为线路的运行维护及故障检修提供了极大的方便，保障了系统的可靠性。

6．经济性

综合布线系统综合各种信息传输系统应用统一布线，提高了全系统的性能价格比。在确定建筑物或建筑群的功能与需求以后，规划能适应智能化发展要求的相应的综合布线系统设施和预埋管线，防止今后增设或改造时造成工程的重复建设和费用的浪费。

二、综合布线系统的组成

国家标准 GB 50311—2016《综合布线系统工程设计规范》规定，综合布线系统由配线子系统、干线子系统、建筑群子系统、工作区、电信间、设备间、进线间与管理各部分组成，即"三子（系统）、三间、一区、一管理"，如图 1-1 所示。

图 1-1　综合布线系统的组成

1. 工作区

工作区基本构成如图 1-2 所示，包括配线与基本配置单元。其中信息插座包括墙面型、地面型、桌面型等，常用的终端设备包括计算机、电话机、传真机、报警探头、摄像机、监视器、各种传感器件、音响和多媒体设备等。

图 1-2　工作区基本构成

2. 电信间（Telecommunications Room）

电信间是放置电信设备、缆线终接的配线设备，并进行缆线交接的专用空间，也是主干光缆或配线子系统（水平）光缆的路径场所。

3. 设备间

设备间是在建筑物的适当地点进行配线管理、网络管理和信息交换的场地，用于安装建筑物配线设备、建筑群配线设备、以太网交换机、电话交换机、计算机网络设备和入口设施。

设备间在实际应用中一般指一栋建筑物（大楼）的网络中心或者机房，如图 1-3 所示。它是建筑物内外通信交汇点。

图 1-3　设备间与进线间

4. 进线间

进线间是建筑物外部信息和通信网络管线的入口部位，也是入口设施和建筑群配线设备的安装场地（图 1-3）。GB 50311—2016 要求建筑物前期系统设计中要有进线间，以满足多家运营商业务需要，避免一家运营商自建进线间后独占该建筑物的宽带接入业务。进线间一般通过地埋管线进入建筑物内部，通常在土建阶段即实施。

5. 配线子系统

配线子系统由工作区内的信息插座模块、信息插座模块至电信间配线设备（FD）的配线（水平）缆线、电信间的配线设备及设备缆线和跳线等组成。它用于实现工作区信息插座和电信间的连接，包括工作区与楼层电信间之间的所有电缆、连接硬件（信息插座、插头、端接水平传输介质的配线架、理线架等）、跳线线缆附件，如图 1-4 所示。

图 1-4 配线子系统的基本构成

6. 干线子系统

干线子系统由设备间至电信间的主干缆线、安装在设备间的建筑物配线设备（BD）及设备缆线和跳线组成，如图 1-5 所示。它是建筑物信息网络中枢，实现主配线架与中间配线架，计算机、程控交换机、控制中心与各管理系统的连接，该子系统由所有的布线电缆（或光缆）及连接支撑硬件组成。

图 1-5 干线子系统

7. 建筑群子系统（Campus Subsystem）

建筑群子系统由配线设备、建筑物之间的干线缆线、设备缆线、跳线等组成，主要实现楼与楼之间的通信连接，如图 1-6 所示。一般采用光缆并配置相应设备，支持楼宇之间通信所需的硬件，包括缆线、端接设备和电气保护装置。

图 1-6 建筑群子系统

8. 管理

管理是指针对综合布线涉及的配线设备、线缆、网络设备、关联设施及交连/互连方法和方式,进行精确标记与缜密记录,由此所形成的信息传输链路软硬件标识管理与交接管理方案。

一个建筑物内信息传输处理的管理,在设备间与电信间实施。

 项目二 建筑物综合布线的目的

综合布线系统是建筑物实现智能化的前提和必备的基础设施,是为适应智能建筑和其他相关技术的发展而产生的新的专业技术。综合布线系统与智能建筑的关系如图 1-7 所示。

图 1-7 综合布线系统与智能建筑的关系

一、智能建筑与综合布线系统的关系

将计算机网络和自动控制等现代高新科技有效地综合运用于建筑物内，使建筑物成为服务于人类的最优整体，即智能建筑。综合布线系统就如同"神经系统"，在智能建筑中传输各类信息，是智能建筑的重要组成部分。因此，综合布线系统在建筑物内和其他设施一样，都是附属于建筑物的基础设施，为智能建筑的主人或用户服务。虽然综合布线系统和房屋建筑彼此结合形成不可分离的整体，但它们是不同类型和工程性质的建设项目。从规划、设计、施工到使用的全过程中，它们的关系极为密切但又彼此分立。

1. 综合布线系统是建筑物智能化程度的重要标志

衡量智能建筑的智能化程度，主要是看综合布线系统配线能力如何，设备配置是否成套，技术功能是否完善，信息传输网络分布是否合理，综合布线工程质量是否优良。这些都是决定智能建筑智能化程度高低的重要因素，对于智能建筑能否更好地服务用户，综合布线系统具有决定性的作用。

2. 综合布线系统保障和促进智能建筑实现智能化

综合布线系统把智能建筑内的各种信息传输和处理设备及设施，相互连接形成完整配套的整体，为实现高度智能化提供充分必要条件。由于综合布线系统能适应各种设施的当前需要和今后发展，具有兼容性、可靠性、使用灵活性和管理科学性等特点，所以它能确保智能建筑提供优质高效的服务。建筑物中只有施行综合布线系统，才能实现智能化，这是智能建筑工程中首先考虑的关键内容。

3. 综合布线系统有力推动技术进步

综合布线系统虽然具有很高的适应性和灵活性，能在今后相当长时期内满足客观需要，但其仍然处于发展阶段，需要不断完善与提高，这对相关产品和技术的发展提出了更高要求。更优质的综合布线系统，要求更优质的传输介质、连接器件及设备。

二、智能建筑

智能建筑（Intelligent Building，IB），是指对建筑物的 4 个基本要素（结构、系统、服务和管理）及它们之间的内在联系进行最优化设计，采用先进的计算机（Computer）技术、控制（Control）技术、通信（Communication）技术和图形显示（CRT）技术，即所谓的 4C 技术，建立一个由计算机系统管理的一体化集成系统，向人们提供一个投资合理、安全、高效、便捷、节能、环保、舒适、健康的建筑环境。

智能建筑，要求将建筑、通信、计算机网络和监控等各方面的先进技术相互融合，使建筑物成为最优化的整体。智能建筑是现代科学技术应用于建筑物的高级发展形式，突显了建筑物内进行信息管理和信息综合利用的能力，这种能力涵盖了对信息的收集与利用、对信息的分析与处理，以及信息之间的交换与共享。

世界上第一座智能建筑是由一幢 38 层的旧金融大厦改建而成的，楼内主要增添了计算机、数字程控交换机等先进的办公设备，以及高速通信线路等基础设施。以当时最先进的技术控制空调设备、照明设备、防灾和防盗系统、电梯设备、通信和办公设备，并且实现了自动化。通过计算机网络通信技术、计算机控制技术及自动化的综合管理，该金融大厦实现了方便、舒适及安全的办公环境，并具有高效运转和经济节能的特点。

我国从 20 世纪 90 年代初开始引进、吸收和实施建筑物智能化技术，智能建筑首先出现于北京、上海，随后在广州、深圳、杭州等地的新建筑中部分或全部考虑实现智能化。现在，我国的智能建筑已经非常普遍，新建筑也基本要求实现智能化。

三、智能建筑的国家标准

GB 50314—2015《智能建筑设计标准》中对智能建筑的定义如下：以建筑物为平台，基于对各类智能化信息的综合应用，集架构、系统、应用、管理及其优化组合为一体，具有感知、传输、记忆、推理、判断和决策的综合智慧能力，形成以人、建筑环境互为协调的整合体，向人们提供安全、高效、便利及可持续发展功能环境的建筑。

GB 50314—2015 是我国规范建筑智能化工程设计的准则。该标准共分为 18 章，包括：总则、术语、工程架构、设计要素、住宅建筑、办公建筑、旅馆建筑、文化建筑、博物馆建筑、观演建筑、会展建筑、教育建筑、金融建筑、交通建筑、医疗建筑、体育建筑、商店建筑、通用工业建筑。

智能建筑工程设计必须贯彻国家关于节能、环保等方针政策，做到技术先进、经济合理、实用可靠。

智能建筑的智能化系统设计应以增强建筑物的科技功能和提升建筑物的应用价值为目标，以建筑物的功能类别、管理需求及建设投资为依据，具有可扩展性、开放性和灵活性。

四、智能建筑的组成与功能

智能建筑的功能应主要体现 3 个自动化，即建筑设备自动化或楼宇自动化（Building Automation，BA）、通信自动化（Communication Automation，CA）、办公自动化（Office Automation，OA）。这 3 个自动化通常称为 3A，其中建筑设备自动化包含防火自动化（FA）和保安自动化（SA），因此也有人将智能建筑称为 5A 建筑。

显然，智能建筑由系统集成中心（System Integrated Center，SIC）、建筑设备自动化系统（BAS）、办公自动化系统（OAS）、通信自动化系统（CAS）、综合布线系统（GCS）五大部分组成。并且，SIC 通过综合布线系统将 3A 各系统在物理上、逻辑上和功能上连为一体，对整个建筑实施统一管理和监控，同时为各系统之间建立一个标准的信息交换平台，以实现信息综合、资源共享，为实现物联网打下坚实基础。智能建筑系统如图 1-8 所示。

1．通信自动化系统

该系统以建筑物内的语音、数据、图像传输为基础，同时与外部通信网络相连，实现建筑物或建筑群内外信息相通。

2．办公自动化系统

该系统是应用计算机技术、通信技术、多媒体技术和行为科学等先进技术，使部分或全部办公业务借助于各种办公设备，并由这些办公设备与办公人员构成的服务于某种办公目标的人机信息系统。

图 1-8　智能建筑系统

3. 建筑设备自动化系统

该系统是对建筑物或建筑群内的电力、照明、空调、给排水、防灾、保安、车库等设备或系统，集中监视、控制和管理所构成的综合系统。

根据功能的不同，建筑设备自动化系统可分为多个子系统。

1）防火自动化系统

（1）按消防部门的要求，火灾报警与消防联动控制系统应独立运行。因此，防火自动化系统将火灾报警器输出的火警信号传送给建筑物设备监控系统或智能化集成系统的监控中心，楼宇自控系统对消防系统进行及时监视，但不控制。

（2）空调、风机、配电等平时由建筑物设备监控系统控制的设备，火灾报警时应受消防系统控制，应确保火警控制的优先功能。

2）保安自动化系统

根据被保护对象的风险等级确定相应的防范级别，设计时应满足整体纵深防护和局部纵深防护要求，达到所要求的安全防范水平。建筑物内应当设置如下系统：

（1）电视监控系统。

（2）入侵报警系统。

（3）出入口控制系统。

（4）车库管理系统。

（5）巡更系统。

项目三 语音信息系统综合布线

一、小型用户程控交换机电话系统

小型用户程控交换机电话系统，如图 1-9 所示。它是指一个单位或一个建筑物内设置的既能打内线又能打外线的语音通信系统，并且与数据通信链路一同敷设配线电缆和配线设备及相应的信息处理设备。

分机之间通话可不通过电话局公共外线信道，由小型程控交换机自动完成内线话务交换，当要接外线时，交换机连通外线主干公共通信电缆，在电话号码前置"0"或"9"即可实现呼出呼入全自动交换，使分机完成外线话务。

图 1-9 小型用户程控交换机电话系统

二、小型用户程控交换机电话系统与数据网络共享路由

将小型用户程控交换机电话系统纳入综合布线系统，将语音通信中继缆线及用户配线，按照小型用户程控交换机与端局之间的连接电路（中继电路）方式，采用全自动中继，与计算机网络通信链路共享路由。

依据用户交换机和公用网之间的通话路数（中继电路的数量）和语音通信分机用户数，实现小型用户程控交换机所用主干语音信道线与数据网络主干信道线缆及分机用配线和配线设备共享路由，共享配线设备，使用公共管道、槽道与机柜。小型用户程控交换机置于电信间时，数据和语音信道完全实现路由共享，配线标准如图 1-10 所示。

图 1-10 语音配线标准

（1）使用公共管道、槽道与机柜，线缆与配线设备则各自独立专设。电信间 FD（干线侧配线设备）电话主干线缆连接外线（电话局普通线）至公共电话网；小型用户交换机安装在 FD 机柜机架上，由水平侧配线设备分别对分机用户配线；语音电话线配线电缆与数据对绞线水平电缆同管（或槽）敷设；模块式数据配线架与语音 110 配线架同机柜安装；数据终端 I/O 是 RJ45，语音终端 I/O 则为 RJ11，如图 1-11 所示。

图 1-11 语音与数据配线同路由

（2）配线设备同型，110 配线架与 RJ45 配线架对应转换连接，语音与数据配线设备统一使用 RJ45 配线架，实现语音和数据的配线与跳接可互换，语音和数据终端 I/O 均用 RJ45，如图 1-12 所示。

图 1-12 语音与数据共用配线设备

将小型用户程控交换机电话系统纳入综合布线系统时，配线系统结构灵活，连接方法较多，上面仅介绍了其中两种，读者可根据实际情况研究和探讨其他连接方法。

三、将用户电话系统纳入综合布线系统的优点

小型用户程控交换机容量虽然相对较小，但是可解决内部话务量大的问题，实用性强，而且中继电路利用率高，还可无线中继，为内部用户提供各种特殊功能、话务台功能；将其纳入综合布线系统后，内部用户编号灵活，通信更稳定、更可靠，更便于纳入计算机网络系统，使管理更科学、更方便、更灵活，同时具有节能、环保的优点，能大大节约工程成本。

🔍 技能练习1 安装语音配线系统

进程一：语音配线系统安装工具、设备及材料

（1）语音交换机。

（2）110 配线架、固定式/模块式数据配线架。

（3）25 对大对数电缆。

（4）4 对对绞线电缆。

（5）RJ11、RJ45 跳线。

（6）打线/压线钳、螺丝刀、9U 机柜。

进程二：安装知识准备

语音配线系统是电话系统中的重要部分。电话系统包括用户交换机和电话线布线系统。布线系统包括从电话局来的外线布线和连接分机用户的内线布线，内线布线则主要是配线系统。内外电话线进入电话交换机房，端接到语音配线架，再用跳线连接到程控交换机。配线系统安装可按以下几种情况进行训练。

（1）语音配线连接方式一如图 1-13 所示，连接简单，但不灵活，不便于做跳接管理。

语音铜缆主干

至程控交换机

图 1-13 语音配线连接方式一

（2）语音配线连接方式二如图 1-14 所示，可跳接，便于管理，但与数据链路分立。

（3）数据/语音互换连接方式如图 1-15 所示，可跳接，便于管理，可实现数据/语音互换。

主干大对数电缆接外线（包括电话中继线和直拨线），外线由电话局提供，由建筑物的地下层进入弱电井引入电话交换机房，再经综合布线进行内线布线纳入建筑物中。

图 1-14　语音配线连接方式二

图 1-15　数据/语音互换连接方式

 项目四 网络视频监控系统

网络视频监控系统是以信息网络为依托，在数字信息上使用 IP 技术的视频监控系统。它以数字视频的压缩、传输、存储和播放为核心，以智能、实用的图像分析为特色，是监控技术的最新应用，是构建电信级监控平台的基础，如图 1-16 所示。

摄像机生成 JPEG 或 MPEG-4 数据文件，可供任何经授权的客户机从网络中任何位置访问、监视、记录并打印，无须生成连续模拟视频信号图像。还可以通过移动网络实现无线传输，用户可以通过笔记本电脑、手机、平板电脑等无线终端查看视频。

图 1-16　网络视频监控系统示意图

网络视频监控系统的优点包括：组网方式灵活多样，可充分利用现有网络资源，可以实现本地/异地分布式存储；可与其他信息系统交互；有良好的可扩展性，可以构建电信级超大型监控平台；具备良好的管理功能，可实现包括计费在内的电信级运营能力；采用多种保障手段，安全性高。

一、有线监控

信息处理终端设备直接使用现有各类有线通信网络，收发视频监控数据信息。

二、无线监控

无线监控常用的有模拟微波视频传输、数字微波视频传输、无线网桥，还可以利用电信、联通和移动公司的通信网络。

模拟微波视频传输就是把视频信号直接调制在微波的信道上（微波发射机，HD-630），通过天线（HD-1300LXB）发射出去，监控中心通过天线接收微波信号，再通过微波接收机（Record8200）解调出原来的视频信号。如果需要控制云台镜头，就在监控中心加相应的指令控制发射机（HD-2050），监控前端配置相应的指令接收机（HD-2060）。这种监控方式图像非常清晰，没有延时，没有压缩损耗，造价便宜，施工和安装调试简单，适合在监控点和中继都不多的情况下使用。

数字微波视频传输就是先将视频编码压缩（HD-6001D），然后通过数字微波（HD-9500）信道调制，再通过天线发射出去，接收端则相反，天线接收信号，微波解扩，视频解压缩，最后还原模拟的视频信号；也可微波解扩后通过电脑安装相应的解码软件，用电脑软解压视频，而且电脑还支持录像、回放、管理、云镜控制，报警控制等功能。这种监控方式下图像有两种分辨率可供选择，分别是 720×576 和 352×288，前者造价更高，视频有 0.2～0.8s 的延时。这种方式的造价根据实际情况差别很大，它可集中传输多路视频，抗干扰能力比模拟微波视频传输方式强，适合在监控点和中继都较多的情况下使用。

三、视频监控系统的组成

典型的视频监控系统主要由前端设备、传输设备和后端设备这三大部分组成，其中后端设备可进一步分为记录与控制设备、显示设备（图 1-17）。前、后端设备有多种构成方式，它们之间的联系可通过电缆、光纤或微波等多种方式来实现。

图 1-17　视频监控系统的组成

1. 前端设备

1）摄像机

摄像机如图 1-18 所示。摄像机有黑白、彩色之分，随着技术的日益成熟，还出现了彩色转黑白、红外一体等机型。

摄像机按外形可分为半球机、普通枪机、一体机、球机、烟感机、针孔机、飞碟机等，球机又分为匀速球、高速球和智能高速球等，还有集成了网络协议的网络摄像机。

摄像机有定焦和变焦之分。摄像机的清晰度用电视线（TVL）表示。常见的有 420TVL、480TVL、520TVL、580TVL 等。420TVL 相当于 25 万像素，480TVL 相当于 38 万像素以上。高清监控摄像机已经达到 1080p。

（a）一体化（自动化）摄像机：内置电动变焦镜头　（b）红外一体机：内置手动变焦或固定镜头　（c）半球形摄像机

（d）单板摄像机　　　　（e）微型摄像机　　　　（f）高速球

图 1-18　各种摄像机

视频监控属于弱电行业，所以摄像机及配套产品（云台、视频服务器）的电源一般选用 12V、24V（机房设备除外）。

2）相关配件（图1-19）

（a）云台　　　　　　　（b）支架　　　　　　　（c）防护罩

图1-19　相关配件

（1）云台。云台是安装、固定摄像机的支撑设备，通过控制系统在远端可以控制其转动方向，分为固定云台和电动云台两种。

固定云台适用于监视范围不大的场合，在固定云台上安装好摄像机后可调整摄像机水平和俯仰的角度，达到最好的工作姿态后锁定调整机构即可。

电动云台适用于大范围扫描监视，它可以扩大摄像机的监视范围。电动云台高速姿态由两台执行电动机来实现，电动机接收来自控制器的信号精确地运行定位。在控制信号的作用下，云台上的摄像机既可自动扫描监视区域，也可在监控中心值班人员的操纵下跟踪监视对象。

云台根据其回转特点分为两种：一种是只能左右旋转的云台，另一种是既能左右旋转又能上下旋转的全方位云台。

（2）支架。

如果摄像机只是固定监视某个位置，不需要转动，那么只用摄像机支架就可以满足要求。普通摄像机支架安装简单，价格低廉，而且种类繁多。普通支架有短的、长的、直的、弯的，可根据不同的要求选择不同的型号。

选择室外支架时主要考虑负载能力是否合乎要求，其次就是安装位置。在实际应用中，很多室外摄像机安装位置特殊，有的安装在电线杆上，有的立于塔吊上，有的安装在铁架上。

（3）防护罩。

防护罩是确保摄像机在有灰尘、雨水、高温、低温等情况下正常使用的防护装置，分室内和室外两种。

室内用防护罩结构简单，价格便宜。其主要功能是防止摄像机落尘，并有一定的安全防护作用，如防盗、防破坏等。

室外防护罩一般为全天候防护罩，即在刮风、下雨、下雪、高温、低温等各种恶劣情况下，都能使安装在防护罩内的摄像机正常工作。因而这种防护罩具有降温、加温、防雨、防雪等功能。同时，为了在雨雪天气仍能使摄像机正常摄取图像，一般在全天候防护罩的玻璃窗前安装有可控制的雨刷。

挑选防护罩时首先看整体结构，安装孔越少越利于防水；其次看内部线路是否便于连接；最后还要考虑外观、重量、安装座等。

2．传输设备

视频传输选用75Ω同轴电缆，通常使用的电缆型号为SYV-75-3和SYV-75-5。它们对视频信号的无中继传输距离一般为 300～500m，当传输距离更长时，可相应选用 SYV-75-7、SYV-75-9 或 SYV-75-12 粗同轴电缆（在实际工程中，粗缆的无中继传输距离可达 1km）。若因视频信号衰减而使图像变模糊，可考虑使用信号放大器。

大的系统电源线按交流 220V 布线，在摄像机端经适配器转换成直流 12V，这样做的好处是可以采用总线式布线且不需要很粗的线；小的系统也可采用 12V 直接供电的方式。

控制电缆通常指用于控制云台及电动变焦镜头的多芯电缆，它一端连接于控制器或解码器的云台、电动变焦镜头控制接线端，另一端则直接接到云台、电动变焦镜头的相应端子上。

（1）对绞线传输系统包括 STP/UTP 电缆和对绞线传输器（小于 200m，大于 200m 且小于 1000m，大于 1000m）。

相关注意事项如下。

① 依据电磁干扰的强弱选用适宜的电缆。

② 防雷接地。

③ 摄像机距离控制中心较远时，宜采用射频传输方式或光纤传输方式。

④ 视频信号可以通过多种无线方式进行传输，如模拟微波、数字微波、3G 网络、WiFi 无线局域网、卫星系统等。不同的无线系统有其特殊的适应性，应根据实际需求选择恰当的无线传输方式进行视频传输。

⑤ 无线图像传输频率应符合国家无线电管理的规定，发射功率应不干扰广播和民用电视，调制方式宜采用调频制。

（2）光纤传输系统如图 1-20 所示，其以光导纤维为传输媒介、以光波为载波进行信息传输。光纤传输系统由三部分组成，即激光发送、光接收和光传输，但连接终端仍用铜缆。

图 1-20　光纤传输系统

3．记录与控制设备

记录与控制设备是整个系统的"心脏"和"大脑"，是实现系统功能的指挥中心。

（1）总控制台完成视频信号放大与分配、图像信号较正与补偿、图像信号切换、图像信号（包括声音信号）记录、摄像机及其辅助部件（如镜头、云台、防护罩等）的控制（遥控）等。

（2）硬盘录像机（DVR）分为 PC 式和嵌入式。

PC 式硬盘录像机实质上就是一台专用工业计算机，如图 1-21（a）所示，其利用专门的软件和硬件，集视频捕捉、数据处理及记录、自动警报功能于一身，一般采用 Windows 操作系统。不足之处是不能长时间连续工作，必须隔时重启，且维护较为困难。

嵌入式硬盘录像机可用面板、遥控器、鼠标来操控，采用自行研发的操作系统。优点是操作简便，性能稳定，能长时间连续工作，如图 1-21（b）所示。

（a）PC 式硬盘录像机　　　　　　　　　　（b）嵌入式硬盘录像机

图 1-21　硬盘录像机

4．显示设备

如图 1-22 所示，显示设备一般是由多台监视器（或带视频输入的普通电视机）组成的电视墙。它的功能是将传送过来的图像一一显示出来。也可采用矩阵+监视器的方式来组建电视墙。一台监视器显示多个图像，可切割显示或循环显示。

目前采用的设备有等离子电视机、液晶电视机、背投、LED 屏、DLP 拼接屏等。

图 1-22　由监视器组成的电视墙

技能练习 2　安装网络视频监控系统

主要内容是完成某教学楼视频监控系统设备安装与调试。

进程一：现场调研

针对教学楼视频监控系统进行应用现场调研，近距离观察各种监控设备，理解视频监控系统的功能、基本组成、工作原理和类型，了解各种设备的功能、分类和选型。

进程二：确定系统结构与设备

确定教学楼层数，监控中心位置（系统集成中心），每层走廊须设置的固定彩色低照度摄像机数量，系统集成中心、档案室和财务室须设置的全方位转动摄像机数量；教室与实训室采用固定普通摄像机，门口设置一台摄像机。具体任务如下。

（1）根据教学楼建筑图纸，确定系统类型。

（2）现场勘查，确定典型设备的名称、功能、分类、选型依据。

（3）用表格形式列出所需要的设备和材料清单（名称、型号、规格与数量）。

（4）画出系统结构图，如图 1-23 所示。

图 1-23　视频监控系统结构图

（5）确定监控信息点，填写信息点统计表（表 1-1）。

表 1-1　视频监控系统信息点统计表

序号	产品名称	产品型号	单位	数量	备注
1					
2					

（6）分解任务，完成小组成员分工。

进程三：摄像机、云台、解码器的安装和调试

1．相关设备接线方法

具体接线方法如图 1-24 和图 1-25 所示。

图 1-24　解码器接线图

2．解码器的使用

选择好解码器的工作电压（P/TVOLTAGE），设置好解码器的地址（ID 的 1～8 端子，地址为 1～256），选择好解码器 FUNCT 中的 1、2 端子设定波特率，使解码器与控制设备之间有相同的数据传输速率，选择好解码器工作协议（FUNCT 的 3、4 端子），并将通信控制线（RS-485 总线）与总线相连。解码器一方面可根据控制点发送过来的要求信号控制云台（UP、DOWN、LEFT、RIGHT）的镜头电动变焦（ZOOM、FOCUS、IRIS 和镜头公共端 LENS COM）及摄像机动作，并将一定的回复信号返回给控制点；另一方面将视频信号传送给控制点做监控等。同时解码器可提供摄像机电源（DV12V，GND）和云台电源（P/TVOLTAGE），并将交流 24V 电源提供给相应的设备使用。此外还具有控制灯光、雨刷及镜头保护和自动匹配控制协议的功能，兼容多种控制协议。

注意事项：

（1）当 FUNCT 中的 3.4 拨成 1.1 时，ID 表示自检功能，即控制云台的转动和图像的清晰度，否则 ID 表示解码器地址，当 3.4 拨成 1 时为自动匹配协议。

（2）通电后指示灯 "POWER" 会常亮，解码器接到正确的指令时，指示灯 "CODE" 会快速闪烁。若无法控制云台及摄像机，应先检查指示灯 "CODE" 是否闪烁。

（3）解码器的 DATA+ 与 DATA- 两端之间须并接一个 120Ω 的匹配电阻。

（4）注意云台的工作电压，应在解码器上选择相应的电压。

图 1-25　控制设备连接示意图

进程四：摄像机及防护罩的安装

1．材料与工具

胀塞、螺丝刀、小锤、电钻、各类镜头、彩色低照度摄像机、一体化摄像机、视频线材、直流电源、监视器、支架、云台、解码器。

2．安装前的准备工作

在确定好的安装位置，检查胀塞大小是否合适，试一试支架螺钉和摄像机底座的螺口是否合适，检查预埋的管线接口是否处理好，测试电缆是否畅通，确认无误后进入安装程序。

3．安装镜头

取出摄像机和镜头，按确定好的摄像机镜头型号和规格，仔细装上镜头（红外摄像机和一体化摄像机无须安装镜头），如图 1-26 所示。安装镜头时，首先去掉摄像机及镜头的保护盖，然后将镜头轻轻旋入摄像机的镜头接口并使之到位。对于自动光圈镜头，还应将镜头的控制线连接到摄像机的自动光圈接口上，如图 1-27 所示。对于电动两可变镜头或三可变镜头，只要旋转镜头到位，暂时不需要校正其平衡状态。安装镜头的具体步骤如下：

（1）卸下镜头接口盖。

（2）按逆时针方向旋松定位截距可调环上的一颗螺钉，然后将环按逆时针方向转到底。否则，在摄像机上安装镜头时，可能会对内部图像感应器或镜头造成损坏。

图 1-26　安装摄像机镜头

图 1-27　连接摄像机自动光圈接口

（3）根据镜头的类型将镜头选择开关置于相应的位置。如果安装的镜头是 DC 控制类型，则将选择开关置于"DC"；如果是视频控制类型，则切换到"VIDEO"。

（4）根据镜头类型，旋转焦距调节螺钉来调整焦距。

（5）注意不要用手碰镜头和 CCD，确认固定牢靠后，接通电源，连通主机或现场使用的监视器、小型视频机等，调整好光圈焦距。

4．安装摄像机

用胀塞、螺钉、改锥、小锤、电钻等工具，按照确定好的位置，先装好支架。检查牢固后，将摄像机按照确定好的方向装上。在安装支架前，应先在安装的位置通电测试一下，以便获得良好的监视效果。如果室外或室内灰尘较多，须安装摄像机防护罩，安装步骤如下。

（1）打开防护罩上盖板和后挡板。

（2）抽出固定金属片，将摄像机固定好。

（3）将电源适配器装入防护罩内。

（4）复位上盖板和后挡板，理顺电缆，固定好，将防护罩和摄像机装到支架上。

（5）把焊接好的视频电缆 BNC 插头插入视频电缆的插座内（用插头的两个缺口对准摄像机视频插座的两个固定柱，插入后顺时针旋转即可），确认固定牢靠、接触良好。

（6）将电源适配器的电源输出插头插入监控摄像机的电源插口，并确认安装牢固。

（7）把电缆的另一头按同样的方法接入控制主机或监视器（视频机）的视频输入端口，确保安装牢固、接触良好。

（8）接通监控主机和摄像机电源，通过监视器调整摄像机角度到预定范围，并调整摄像机镜头焦距和清晰度，进入录像设备和其他控制设备调整工序。

5．测试摄像机

测试摄像机的步骤如下。

（1）清晰度的测试

对多台摄像机进行测试时，应使用相同的镜头，以测试卡中心圆出现在监视器屏幕的左、右边为准，共有 10 组垂直线和 10 组水平线，分别代表垂直清晰度和水平清晰度。最好用黑白监视器。测试时可在远景物聚焦，也可边测边聚焦。

（2）彩色还原性的测试

测试时应选质量好的彩色监视器。首先远距离观察人物、服饰，看有无颜色失真，拿色彩鲜明的物体做对比；然后看摄像机反应灵敏度，将彩色画册放在摄像机前，看画面的清晰程度，看色彩是否过淡或过浓；最后对运动的彩色物体进行摄像，看有无彩色拖尾、延滞、模糊等。

（3）照度的测试

测试时，将摄像机光圈调至最大，记录此时的最低照度值；再把光圈调至最小，记录此时的最低照度值。

（4）逆光补偿的测试

有两种测试方法：一种是在暗室内，把摄像机前侧灯调至最亮，然后在灯下方放置图像或文字，使摄像机迎光摄像，检查图像和文字能否看清，画面是否刺眼，并调节拨挡开关，看有无变化，哪种效果最好。另一种是在阳光充足的情况下使摄像机向窗外摄像，能否看清楚窗外景物。

（5）球形失真的测试

将测试卡置于摄像机前端，使整个球体出现在屏幕上，看圆球是否变成椭圆；将摄像机前移，看圆中心有无放大，再远距离测试边、角、框有无弧形失真等。

（6）耗电量的测试

最低工作电压，使用万用表测量电流，使用小稳压器调节电压看。

进程五：视频监控系统检查和评价

1．单项设备调试

单项设备调试一般应在安装之前进行，有些单项设备可能不便于单独调试或测试，可以与配套设备共同进行调试。能够单独进行调试的设备及调试的内容如下。

（1）摄像机的电气性能：包括摄像机清晰度、摄像机背景光补偿（BLC）、摄像机最低照度、摄像机信噪比、摄像机自动增益控制（AGC）、摄像机电子快门（ES）、摄像机白平衡（WB）及摄像机同步方式。

（2）镜头的调整。

（3）解码器自检，通过测量其输出端电压实现自检。

（4）云台转动角度限位的测试。

（5）其他一些能独立进行调试的设备。

须配套进行调试的设备如下。

（1）矩阵：须和带云台的摄像机一起调试，进行切换功能和控制功能及矩阵自身权限功能调试。

（2）硬盘录像机：须和带云台的摄像机一起调试，进行监视、录像、回放和远程权限功能调试。

2．分系统调试

分系统调试可以按功能划分，也可以按设备所在区域划分。一般而言，传输系统的调试都是按功能划分的；图像信号、控制信号及设备行为的调试既可以按功能划分，又可以按所在区域划分。

3．视频监控系统的一般故障

（1）线路不通畅：包括视频线路、控制线路和电源线路。

（2）球机地址设置不正确：地址设置应该与控制设备地址设置对应。

综合布线系统术语、缩略语与相关标准

学习目的：

熟悉常用的综合布线系统术语和缩略语，了解综合布线系统相关标准

 常用术语

1．布线（Cabling）

能够支持电子信息设备相连的各种缆线、跳线、接插软线和连接器件组成的系统。

2．建筑群子系统（Campus Subsystem）

建筑群子系统由配线设备、建筑物之间的干线缆线、设备缆线、跳线等组成。

3．电信间（Telecommunications Room）

放置电信设备、缆线终接的配线设备，并进行缆线交接的一个空间。

4．工作区（Work Area）

须设置终端设备的独立区域。

5．信道（Channel）

连接两个应用设备的端到端的传输通道。

6．链路（Link）

一个 CP 链路或一个永久链路。

7．永久链路（Permanent Link）

信息点与楼层配线设备之间的传输线路。它不包括工作区缆线和连接楼层配线设备的设备缆线、跳线，但可以包括一个 CP 链路。

8．集合点（Consolidation Point，CP）

楼层配线设备与工作区信息点之间水平缆线路由中的连接点。

9．CP 链路（CP Link）

楼层配线设备与集合点（CP）之间，包括两端的连接器件在内的永久性的链路。

10．建筑群配线设备（Campus Distributor）

终接建筑群主干缆线的配线设备。

11．建筑物配线设备（Building Distributor）

为建筑物主干缆线或建筑群主干缆线终接的配线设备。

12．楼层配线设备（Floor Distributor）

终接水平缆线和其他布线子系统缆线的配线设备。

13．入口设施（Building Entrance Facility）

提供符合相关规范的机械与电气特性的连接器件，将外部网络缆线引入建筑物内。

14．连接器件（Connecting Hardware）

用于连接电缆线对和光缆光纤的一个器件或一组器件。

15．光纤适配器（Optical Fibre Adapter）

将光纤连接器实现光学连接的器件。

16．建筑群主干缆线（Campus Backbone Cable）

用于在建筑群内连接建筑群配线设备与建筑物配线设备的缆线。

17．建筑物主干缆线（Building Backbone Cable）

入口设施至建筑物配线设备、建筑物配线设备至楼层配线设备、建筑物内楼层配线设备之间相连接的缆线。

18．水平缆线（Horizontal Cable）

楼层配线设备至信息点之间的连接缆线。

19．CP 缆线（CP Cable）

连接集合点（CP）至工作区信息点的缆线。

20．信息点（Telecommunications Outlet，TO）

缆线终接的信息插座模块。

21．设备缆线（Equipment Cable）

通信设备连接到配线设备的缆线。

22．跳线（Patch Cord/Jumper）

不带连接器件或带连接器件的电缆线对和带连接器件的光纤，用于配线设备之间进行连接。

23．缆线（Cable）

电缆和光缆的统称。

24．光缆（Optical Cable）

由单芯或多芯光纤构成的缆线。

25．线对（Pair）

由两个相互绝缘的导体对绞组成，通常是一个对绞线对。

26．对绞电缆（Balanced Cable）

由一个或多个金属导体线对组成的对称电缆。

27．屏蔽对绞电缆（Screened Balanced Cable）

含有总屏蔽层和/或每线对屏蔽层的对绞电缆。

28．非屏蔽对绞电缆（Unscreened Balanced Cable）

不带有任何屏蔽物的对绞电缆。

29．接插软线（Patch Cord）

一端或两端带有连接器件的软电缆。

30．多用户信息插座（Multi-user Telecommunication Outlet）

工作区内若干信息插座模块的组合装置。

31．配线区（the Wiring Zone）

根据建筑物的类型、规模、用户单元的密度，以单栋或若干栋建筑物的用户单元组成的配线区域。

32．配线管网（the Wiring Pipeline Network）

由建筑物外线引入管、建筑物内的竖井、管、桥架等组成的管网。

33．用户接入点（the Subscriber Access Point）

多家电信业务经营者的电信业务共同接入的部位，是电信业务经营者与建筑建设方的工程界面。

34．用户单元（Subscriber Unit）

建筑物内占有一定空间、使用者或使用业务会发生变化、须直接与公用电信网互联互通的用户区域。

35．光纤到用户单元通信设施（Fiber to the Subscriber Unit Communication Facilities）

光纤到用户单元工程中，建筑规划用地红线内地下通信管道、建筑内管槽及通信光缆、光配线设备、用户单元信息配线箱及预留的设备间等设备安装空间。

36．配线光缆（Wiring Optical Cable）

用户接入点至园区或建筑群光缆的汇聚配线设备之间，或用户接入点至建筑规划用地红线范围内与公用通信管道互通的人（手）孔之间的互通光缆。

37．用户光缆（Subscriber Optical Cable）

用户接入点配线设备至建筑物内用户单元信息配线箱之间相连接的光缆。

38．户内缆线（Indoor Cable）

用户单元信息配线箱至用户区域内信息插座模块之间相连接的缆线。

39．信息配线箱（Information Distribution Box）

安装于用户单元区域内的完成信息互通与通信业务接入的配线箱体。

40．桥架（Cable Tray）

梯架、托盘及槽盒的统称。

 项目二 常用缩略语

常用缩略语见表 1-2。

表 1-2 常用缩略语

英文缩写	英文名称	中文名称或解释
ACR-F	Attenuation to Crosstalk Ratio at the Far-end	衰减远端串音比
ACR-N	Attenuation to Crosstalk Ratio at the Near-end	衰减近端串音比

英文缩写	英文名称	中文名称或解释
BD	Building Distributor	建筑物配线设备
CD	Campus Distributor	建筑群配线设备
CP	Consolidation point	集合点
DC	Direct Current	直流
ELTCTL	Equal Level TCTL	两端等效横向转换损耗
FD	Floor Distributor	楼层配线设备
FEXT	Far End Crosstalk Attenuation（loss）	远端串音
ID	Intermediate Distributor	中间配线设备
IEC	International Electrotechnical Commission	国际电工技术委员会
IEEE	the Institute of Electrical and Electronics Engineers	美国电气及电子工程师学会
IL	Insertion Loss	插入损耗
IP	Internet Protocol	因特网协议
ISDN	Integrated Services Digital Network	综合业务数字网
ISO	International Organization for Standardization	国际标准化组织
MUTO	Multiuser Telecommunications Outlet	多用户信息插座
MPO	Multifiber Push On	多芯推进锁闭光纤连接器件
NI	Network Interface	网络接口
NEXT	Near End Crosstalk Attenuation（loss）	近端串音
OF	Optical Fibre	光纤
POE	Power Over Ethernet	以太网供电
PS NEXT	Power Sum NEXT	近端串音功率和
PS AACR-F	Power Sum Attenuation to Alien Crosstalk Ratio at the Far-end	外部远端串音比功率和
PS AACR-F$_{avg}$	Average Power Sum Attenuation to Alien Crosstalk Ratio at the Far-end	外部远端串音比功率和平均值
PS ACR-F	Power Sum Attenuation to Crosstalk Ratio at the Far-end	衰减远端串音比功率和
PS ACR-N	Power Sum Attenuation to Crosstalk Ratio at the Near-end	衰减近端串音比功率和
PS ANEXT	Power Sum Alien Near End Crosstalk（loss）	外部近端串音功率和
PS ANEXT$_{avg}$	Average Power Sum Alien Near End Crosstalk（loss）	外部近端串音功率和平均值
PS FEXT	Power Sum Far End Crosstalk（loss）	远端串音功率和
RL	Return Loss	回波损耗
SC	Subscriber Connector（optical fibre connector）	用户连接器件（光纤活动连接器件）
SW	Switch	交换机
SFF	Small Form Factor connector	小型光纤连接器件
TCL	Transverse Conversion Loss	横向转换损耗
TCTL	Transverse Conversion Transfer Loss	横向转换转移损耗
TE	Terminal Equipment	终端设备
TO	Telecommunications Outlet	信息点
TIA	Telecommunications Industry Association	美国电信工业协会
UL	Underwriters Laboratories	美国保险商实验所安全标准
Vr.m.s	Vroot.mean.square	电压有效值

项目三 综合布线系统相关标准

一、北美 ANSI/TIA/EIA 568 系列标准

本书主要介绍 ANSI/TIA/EIA 568B 标准。

1. ANSI/TIA/EIA 568B.1:Commercial Building Telecommunications Cabling Standard（商业建筑通信布线系统标准第一部分：一般要求）

这个标准着重于水平和主干布线拓扑、距离、介质选择、工作区连接、开放办公布线、电信与设备间、安装方法及现场测试等内容。

2. ANSI/TIA/EIA 568B.2:Commercial Bulding Telecommunications Cabling Standard（商业建筑通信布线系统标准第二部分：平衡对绞线布线系统）

这个标准着重于平衡对绞线电缆、跳线、连接硬件（包括 ScTP 和 150Ω 的 STP-A 器件）的电气和机械性能规范，以及部件可靠性测试规范、现场测试仪性能规范、实验室与现场测试仪比对方法等内容。

3. ANSI/TIA/EIA 568B.3: Commercial Building Telecommunications Cabling Standard（商业建筑通信布线系统标准第三部分：光纤布线部件标准）

这个标准定义了光纤布线系统的部件和传输性能指标，包括光缆、光跳线和连接硬件的电气与机械性能要求，器件可靠性测试规范，现场测试性能规范。该标准取代了 ANSI/TIA/EIA 568A 中的相应内容。

二、国际标准 ISO/IEC 11801

ISO/IEC 11801 Information Technology—Generic Cabling for Customer Premises 是"信息技术—用户房屋的综合布线"标准。

目前该标准有 4 个版本：ISO/IEC 11801—1995、ISO/IEC 11801—2000、ISO/IEC 11801—2002、ISO/IEC 11801—2011。

ISO/IEC 11801—1995 定义到 100MHz，针对使用面积达 100 万平方米和 5 万个用户的建筑物和建筑群的通信布线设立了标准，包括平衡双绞电缆布线（屏蔽和非屏蔽）和光纤布线、布线部件和系统的分类计划，确立了评估指标"类（Categories）"，即 Cat3、Cat4、Cat5 等，并规定电缆或连接件等单一部件必须符合相应的类别。同时，为了定义由某一类别部件所组成的整个系统（链路、信道）的性能等级，国际标准化组织确立了"级（Classes）"的概念，即 Class A、Class B、Class C、Class D。

ISO/IEC 11801—2000 是对 ISO/IEC 11801—1995 的一次主要更新，它增加了新的测量方法的条件。ISO/IEC 认为以往的链路定义应被永久链路和通道的定义所取代，对永久链路和通道的等效远端串扰（ELFEXT）、综合近端串扰、传输延迟等进行了规定。

ISO/IEC 11801—2002 定义了 6 类、7 类线缆的标准。

三、欧洲标准 EN 50173

该标准与国际标准 ISO/IEC 11801 是一致的。但是 EN 50173 比 ISO/IEC 11801 更加严格，它更强调电磁兼容性，提出通过线缆屏蔽层，使线缆内部的对绞线对在高带宽传输的条件下，具备更强的抗干扰能力和防辐射能力。

四、国内标准

从 GB/T 50311—2000 到 GB 50311—2007，再到 GB 50311—2016，我国综合布线系统相关标准经历了十几年的不断补充和完善。GB 50311—2016 是最新标准，于 2016 年 8 月 26 日发布，2017 年 4 月 1 日实施。

GB/T 50311—2000 是关于 100MHz 5 类布线系统的标准，不涉及超 5 类以上的布线系统。与之相比，2007 版标准最大的特点是定义到 F 级 7 类综合布线系统，并且规定 3 类、5/5e 类（超 5 类）、6 类、7 类布线系统均应能支持向下兼容的应用。2016 版修订的主要技术内容有：

（1）在《综合布线系统工程设计规范》GB 50311-2007 内容基础上，对建筑群与建筑物综合布线系统及通信基础设施工程的设计要求进行了补充与完善。

（2）增加了布线系统在弱电系统中的应用相关内容。

（3）增加了，光纤到用户单元通信设施工程设计要求，并新增有关光纤到用户单元通信设施工程建设的强制性条文。

（4）丰富了管槽和设备的安装工艺要求。

（5）增加了相关附录。

国际与国内标准对照表见表 1-3。

表 1-3　国际与国内标准对照表

	国际布线标准	欧洲布线标准	北美布线标准	国内布线标准
综合布线系统性能、系统设计	ISO/IEC 11801—2002 ISO/IEC 61156—5 ISO/IEC 61156—6	EN 50173—2000 EN 50173—2002	ANSI/TIA/EIA 568A ANSI/TIA/EIA 568B ANSI/TIA/EIA TSB67—1995 ANSI/TIA/EIA/IS 729	GB 50311—2016 GB 50373—2006 YD/T 926.1—2009 YD/T 926.2—2009 YD/T 926.3—2009
安装、测试和管理	ISO/IEC 14763—1 ISO/IEC 14763—2 ISO/IEC 14763—3	EN 50174—2000	ANSI/TIA/EIA 569 ANSI/TIA/EIA 606 ANSI/TIA/EIA 607	GB/T 50312—2016 GB/T 50374—2006 YD/T 1013—2013
部件	ISO/IEC 61156 等	EN 50288 等	ANSI/TIA/EIA 455—2002	GB/T 9771.1—2008 YD/T 1092—2013
防火测试	ISO/IEC 60332 ISO/IEC 1034—1/2	NEC—713	UL910 NEPA 262—1999	GB/T 18380—2008 GB/T 12666—2008

模块二

综合布线系统网络结构

综合布线系统的组成与结构

 综合布线系统主要部件

国家标准 GB 50311—2016《综合布线系统工程设计规范》中明确了综合布线系统各组成部件的具体表述。其中主要部件如下。

（1）建筑群配线设备或配线架（CD）。

（2）建筑群干线电缆、建筑群干线光缆。

（3）建筑物配线设备或配线架（BD）。

（4）建筑物干线电缆、建筑物干线光缆。

（5）楼层配线设备或配线架（FD）。

（6）水平电缆、水平光缆。

（7）集合点（CP）。

（8）信息点或信息插座（TO）。

（9）终端设备（TE）。

GB 50311—2016 中规定，工作区、电信间、配线子系统、干线子系统、设备间、进线间、建筑群子系统和管理等部分做系统连接时，从建筑群配线架（CD）到信息插座（TO）或工作区终端设备（TE），允许两次配线转接，如图 2-1 所示。

图 2-1　综合布线系统基本构成

1. 建筑群子系统

该子系统包括建筑群干线光缆及其在建筑群配线架和建筑物配线架上的机械终端，以及建筑群配线架上的接插线和跳线。一般情况下，建筑群子系统采用光缆。

2．干线子系统

从建筑物配线架到各楼层电信间配线架的布线属于干线子系统。该子系统由设备间至电信间的光缆、安装在设备间的建筑物配线设备（BD）及设备线缆和跳线组成。建筑物干线光缆应直接端接到有关的楼层配线架，中间不应有集合点或接头。

3．配线子系统

从楼层配线架到各信息点的布线属于配线子系统，配线子系统由工作区的信息插座模块、信息插座模块至电信间配线设备（FD）的配线电缆和光缆、电信间的配线设备及设备缆线和跳线等组成。

4．引入部分构成

GB 50311—2016 中规定了综合布线系统引入部分构成，如图 2-2 所示。对于设置了设备间的建筑物，设备间所在楼层的 FD 可以和设备间中的 BD/CD 及入口设施安装在同一场地。

图 2-2　综合布线系统引入部分构成

 综合布线系统网络结构概述

综合布线系统网络结构采用星形拓扑结构，其中每个分支子系统都是相对独立的单元，对任意分支子系统进行改动都不影响其他子系统。只要改变节点连接方式就可使网络结构在星形、总线、环形等各种类型间进行转换。

星形网络结构能支持当前普遍采用的各种计算机网络系统，如以太网、快速以太网、吉比特以太网、万兆位以太网、光纤分布数据接口（FDDI）、令牌环网（Token Ring）等。

综合布线系统的干线电缆或光缆的交接次数一般不应超过两次，即从楼层配线架到建筑群配线架，中间只允许经过一次配线架，称之为 FD—BD—CD 结构形式。这是采用两级干线系统（建筑物干线子系统和建筑群子系统）的布线形式。如果没有建筑群配线子系统，而只有一次交接，则为 FD—BD 结构形式。这是采用一级干线系统（建筑物干线子系统）的布线形式。

建筑物配线架至每个楼层配线架的建筑物干线子系统的干线电缆或光缆一般采取分别独立供线给各个楼层的方式，从而使各个楼层之间无连接关系。

一、综合布线系统两级星形网络拓扑结构

在大楼设备间放置 BD，楼层电信间放置 FD，每个楼层配线架（FD）连接若干个信息点（TO），这就是传统的两级星形网络拓扑结构，如图 2-3 所示。它是单幢智能建筑物综合

布线系统的基本形式。

图 2-3　两级星形网络拓扑结构

二、树形（三级星形）网络拓扑结构

以建筑群配线架（CD）为中心，以若干建筑物配线架（BD）为中间层，再下一层为楼层配线架和配线子系统，构成树形网络拓扑结构，也就是常用的三级星形网络拓扑结构，如图 2-4 所示。这种形式在智能小区中经常使用，其综合布线系统的建设规模较大，网络结构也较复杂。

图 2-4　三级星形网络拓扑结构

三、综合布线系统网络拓扑结构的主要部件

（1）CD 设置于建筑群中处于中心位置的某一建筑物的设备间内（内置了 BD 和 CD 的配线设备，只是在模块上加以区别）。选择 CD 的安装地点时主要考虑建筑群主干缆线的传输路由距离和管理的方便性，可以设置于设备间或进线间内。

（2）BD 设置于建筑物内的设备间内。一般语音和数据的设备间是公用的，但也有分开设置的。语音的设备间通常设在大楼的底层，而数据的设备间则处于大楼的中间位置。

（3）FD 设置于楼层电信间内。在土建行业中习惯将配线设备在楼层中的安放场地称为楼层弱电间或配线间，国外的标准称之为电信间。

（4）TO 为光/电信息模块，设置于各个工作区内。

综合布线系统结构形式与工程图

学习目的:

掌握综合布线系统的不同结构形式，学会绘制综合布线系统工程图

 综合布线系统结构形式

一、两次配线点结构形式

建筑物标准的 FD—BD 结构，是两次配线点设备配置方案。这种结构是在大楼设备间放置 BD，在楼层配线间放置 FD，每个楼层配线架（FD）连接若干个信息点（TO），也就是传统的两级星形拓扑结构，这是国内普遍使用的典型结构，也是综合布线系统基本的设备配置方案之一，如图 2-5 所示。

这种结构中只有建筑物子系统和配线子系统，不设置建筑群子系统和建筑群配线架。主要适用于单幢中、小型智能建筑，其附近没有其他房屋建筑，不会发展成为智能建筑群。这种结构具有网络拓扑结构简单、维护管理较为简便、调度较灵活等优点。

图 2-5　两次配线点结构

二、一次配线点结构形式

一次配线点结构如图 2-6 所示，大楼没有楼层配线间，只配置建筑物配线架（BD），将建筑物子系统和配线子系统合二为一，缆线从 BD 直接连接到信息点（TO）。它主要适用于以下场合。

图 2-6 一次配线点结构

（1）建设规模很小，楼层不多，且楼层平面面积不大的单幢智能建筑。

（2）用户的信息业务要求（数量和种类）较少的住宅建筑。

（3）别墅式低层住宅建筑。

（4）TO 至 BD 之间电缆的最大长度不超过 90m 的场合。

（5）当建筑物不大，但信息点很多，且 TO 至 BD 之间电缆的最大长度不超过 90m 时，为便于管理维护和减少对空间的占用，可采用这种结构。例如，高校旧学生宿舍楼综合布线系统，每层楼信息点很多，而旧楼大多在设计时没有考虑综合布线系统，如果设置楼层配线间，势必占用宿舍资源。

高层房屋建筑和楼层平面面积很大的建筑均不适合采用这种结构。其优点是网络拓扑结构简单，只有一级；设备配置数量少，可降低工程建设费用和维护开支；维护工作和人为故障机会均有所减少等。其缺点是调度灵活性差，有时使用不便。

三、共用楼层配线间结构形式

建筑物共用楼层配线间 FD—BD 结构，实质上是两次配线点设备配置方案（中间楼层供给相邻楼层），每 2～4 个楼层设置一个 FD，分别供线给相邻楼层的信息点（TO），要求所有 TO 到 FD 之间水平线缆的最大长度不超过 90m，如超过则不应采用该方案，如图 2-7 所示。

这种方案主要适用于单幢中型智能建筑。当其楼层面积不大，用户信息点数量不多，或各个楼层的用户信息点分布极不均匀，有些楼层用户信息点数量极少（如地下室）时，为了简化网络结构和减少接续设备，可以采取这种设备配置方案。但用户信息点分布均匀且较密集的场合不应使用这种方案。

图 2-7　共用楼层配线间 FD—BD 结构

四、建筑物 FD－FD－BD 结构形式

　　建筑物 FD－FD—BD 结构既可以采用两次配线点，也可采用三次配线点。这种结构须设置二级交接间和二级交接设备，视客观需要可采取两次配线点或三次配线点，如图 2-8 所示。在图 2-8 中有两种方案。

图 2-8　建筑物 FD－FD－BD 结构

（1）第 3 层为两次配线点，建筑物干线子系统的缆线直接连到二级交接间的 FD 上，不经过干线交接间的 FD，这种方案为两次配线点方案。

（2）第 2、4、5、6 层为三次配线点，建筑物干线子系统的缆线均连接到干线交接间的 FD_1 上，然后再连接到二级交接间的 FD_2 上，形成三次配线点方案。

这种结构适用于单幢大、中型智能建筑，如楼层面积较大（超过 $1000m^2$）或用户信息点较多，因干线交接面积较小，无法装设容量大的配线设备等。为了分散安装缆线和配线设备，有利于配线和维修，且楼层中有设置二级交接间条件的场合也可采用这种结构。

这种结构具有缆线和设备分散设置，可增强安全可靠性，便于检修和管理，容易分隔故障等优点。

五、建筑物 FD—BD—CD 综合结构形式

建筑物 FD—BD—CD 综合结构是三次配线点设备配置方案，在建筑物的中心位置设置建筑群配线架（CD），各分区建筑物中设置建筑物配线架（BD）。建筑群配线架（CD）可以与所在建筑中的建筑物配线架合二为一，各个分区均有建筑群子系统与建筑群配线架（CD）相连，各分区建筑物干线子系统、配线子系统及工作区布线自成体系，如图 2-9 所示。

图 2-9　建筑物 FD—BD—CD 综合结构

这种结构适用于单幢大型或特大型智能建筑，即当建筑物是主楼带附楼结构，楼层面积较大，用户信息点数量较多时，可将整幢智能建筑进行分区，将各个分区视为多幢建筑物组成的建筑群。建筑物中的主楼、附楼 A 和附楼 B 被视为多幢建筑，在主楼设置建筑群

配线架,在附楼 A 和附楼 B 的适当位置设置建筑物配线架(BD),主楼的建筑物配线架(BD)可与建筑群配线架(CD)合二为一,这时该建筑物包含有在同一建筑物内设置的建筑群子系统。

这种结构具有缆线和设备合理配置,既有密切配合又有分散管理,便于检修和判断故障,网络拓扑结构较为典型,可调度使用,灵活性较好等优点。

六、建筑群 FD—BD—CD 结构形式

这种结构适用于建筑物数量不多、小区建设范围不大的场合。选择位于建筑群中心的建筑物作为各建筑物通信线路和公用通信网络连接的汇接点,并在此安装建筑群配线架(CD),建筑群配线架(CD)可与该建筑物的建筑物配线架(BD)合设,达到既能减少配线接续设备和通信线路长度,又能降低工程建设费用的目的。各建筑物中装设建筑物配线架(BD)作为中间层,敷设建筑群子系统的主干线路并与建筑群配线架(CD)相连,再下一层为楼层配线架和配线子系统,构成树形网络拓扑结构,也就是常用的三级星形网络拓扑结构,如图 2-10 所示。

图 2-10　建筑群 FD—BD—CD 结构

项目二 综合布线系统工程图及其功能

综合布线工程中主要采用两种制图软件，即 AutoCAD 和 Visio。AutoCAD 主要用于绘制综合布线管线设计图、楼层信息点分布图、布线施工图等。Visio 主要用于绘制网络拓扑图、布线系统拓扑图、信息点分布图等。

一、综合布线系统工程图

（1）网络拓扑结构图。
（2）综合布线系统拓扑（结构）图。
（3）综合布线管线路由图。
（4）楼层信息点平面分布图。
（5）机柜配线架信息点布局图。

二、图纸功能

反映网络和布线拓扑结构，明确布线路由、管槽型号和规格，工作区中各楼层信息插座的类型和数量，配线子系统的电缆型号和数量，垂直干线子系统的线缆型号和数量，楼层配线架（FD）、建筑物配线架（BD）、建筑群配线架（CD）、光纤互连单元的数量及分布位置，机柜内配线架及网络设备分布情况，相关示例如图 2-11～图 2-14 所示。

图 2-11　综合布线系统图

图 2-12　管线路由图

九楼电信间配线架1

1	2	3	4	5	6	7	8	9	10	11	12	13	14	15	16	17	18	19	20	21	22	23	24
9082	9083	9084	9085	9086	9087	9088	9089	9091	9092	9093	9094	9095	9096	9097	9098	9099	9100	9101	9102	9103	9104	9105	9106

九楼电信间配线架2

1	2	3	4	5	6	7	8	9	10	11	12	13	14	15	16	17	18	19	20	21	22	23	24
9107	9109	9110	9111	9112	9113	9114	9115	9116	9117	9118	9119	9120	9121	9122	9123	9124	9125	9126	9127	9128	9129	9130	9131

九楼电信间配线架3

1	2	3	4	5	6	7	8	9	10	11	12	13	14	15	16	17	18	19	20	21	22	23	24
9132	9133	9134	9135	9136	9137	9138	9139	9140	9141	9142	9143	9144	9145	9146	9147	9148	9149	9150	9151	9152	9153	9154	9156

九楼电信间配线架4

1	2	3	4	5	6	7	8	9	10	11	12	13	14	15	16	17	18	19	20	21	22	23	24
9157	9158	9160	9161	9162	9163	9165	9166	9167	9168	9169	9170	9171	9172	9173	9174	9175	9176	9177	9178	9179	9180	9181	9182

九楼电信间配线架5

1	2	3	4	5	6	7	8	9	10	11	12	13	14	15	16	17	18	19	20	21	22	23	24
9183	9184	9185	9186	9187	9188	9189	9190	9191	9192	9193	9194	9195	9196	9197	9198	9199	9200	9202	9203	9204	9205	9206	9207

图 2-13　某楼层电信间配线架信息点标识图

三、用 Visio 绘制 FD—BD 系统图

（1）启动电脑进入 Visio 界面。

（2）设置绘图所需参量。

（3）选择模板。

（4）插入需要的形状。

（5）双击形状，填写内容。

图 2-14　机柜立面与设备图

（6）插入动态连接线，连接上下级。

（7）调整总体结构，命名保存。

例如，点击模板类型里的"网络"，在该模板下可以找到"基本网络图"和"详细网络图"，点击"基本网络图"进入绘图界面，在左侧形状列表里可以看到绘制基本网络图所需要的基本形状。接下来绘制网络拓扑图，首先点击左侧的形状列表，找到计算机和显示器的图形，将图形拖到绘图面板中，作为网络设备，然后绘制交换机、路由器、防火墙、无线接入等设备，并用连接线进行连接，最后添加设备注释。经过以上操作，一张简单的网络拓扑图就绘制完成了，通过"另存为"功能将图纸保存为图片格式。

🔍 技能练习 3　用 Visio 绘制学校教学楼综合布线系统图

请根据所学知识，画出学校教学楼综合布线系统图。

进程一： 用 Visio 绘制 FD—BD 结构图

进程二： 用 Visio 绘制拓扑图

模块三

网络传输介质

对绞电缆及其连接件

> **学习目的：**
>
> 　　了解对绞电缆及其连接件的规格、类别、物理结构和传输特性

　　目前，很多有线信息传输网络仍由对绞电缆构建，如计算机网、有线电视网、有线公共电话网、有线视频监控网、有线门禁安防系统、基站天馈线系统及有线对讲系统等。因此，有必要了解对绞电缆。构建有线通信网络，实施综合布线系统工程，必须能识别所用到的对绞电缆与连接件。

　　综合布线系统设计施工中，所用对绞电缆类别多且复杂。为了准确无误地标记不同的线路路由，区别和明示不同的信道及区域，对绞电缆均有标准的文字标识和颜色标识。

项目一　对绞电缆的标识

一、大对数对绞电缆

1．文字标识

　　彼此绝缘又紧密绞合在一起的两根铜导线称为对绞线或对绞线（Twisted Pair），也称线对。2 对及以上对绞线置于同一绝缘护套内即形成大对数（多对数）对绞电缆，常见的有 4 对、25 对、50 对、100 对等规格的对绞电缆，如图 3-1 所示。大对数对绞电缆主要由外护层、屏蔽层、绝缘层和导线四部分组成。

图 3-1　各种对绞电缆

大对数对绞电缆护套上印有导线直径、线对数量、电缆型号、制造厂厂名代号及制造年份、长度等标记，并且间隔不大于 1m。电缆护套外皮有非阻燃（CMR）、阻燃（CMP）和低烟无卤（Low Smoke Zero Halogen，LSZH）三种。电缆的护套若含卤素，则不易燃烧（阻燃），但在燃烧过程中释放物毒性大。电缆的护套若不含卤素，则易燃烧（非阻燃），但在燃烧过程中释放物毒性小。

大对数对绞电缆护套上的文字标识如图 3-2 所示。

图 3-2　大对数对绞线电缆护套上的文字标识

（1）类别与用途代号。

H——市内通信电缆。

HP——配线电缆。

HJ——局用电缆。

（2）导体代号。

无标识为铜芯线。

（3）绝缘层类型代号。

Y——实心聚烯烃绝缘。

YF——泡沫聚烯烃绝缘。

YP——泡沫/实心皮聚烯烃绝缘。

（4）金属屏蔽带类型代号。

A——涂塑铝带粘接屏蔽聚乙烯护套。

S——铝钢双层金属带屏蔽聚乙烯护套。

V——聚氯乙烯护套。

（5）结构特征代号。

T——石油膏填充。

G——高频隔离。

C——自承式。

（6）电缆外护层形式代号。

23——双层钢带绕包铠装聚乙烯护层。

33——单层细钢丝铠装聚乙烯护层。

43——单层粗钢丝铠装聚乙烯护层。

53——涂塑钢带纵包铠装聚乙烯护层。

（7）派生代号。

数字表示电缆对数、扭绞及芯径，如 300×2×0.4 表示芯径为 0.4mm 的 300 对对绞电缆。

2．颜色标识

（1）电缆色谱。

大对数对绞电缆以 25 对为基本单位，各基本单位又用不同色谱的扎带缠绕以便于区分。

25 对对绞电缆芯线有 5 种主色（a 线）：白色、红色、黑色、黄色、紫色；5 种循环色（b 线）：蓝色、橙色、绿色、棕色、灰色。两种颜色配对形成基本单位色谱，见表 3-1。

表 3-1　25 对对绞电缆芯线基本单位色谱

线对序号	1	2	3	4	5	6	7	8	9	10	11	12	13	14	15	16	17	18	19	20	21	22	23	24	25
色谱 a 线	白	白	白	白	白	红	红	红	红	红	黑	黑	黑	黑	黑	黄	黄	黄	黄	黄	紫	紫	紫	紫	紫
色谱 b 线	蓝	橙	绿	棕	灰	蓝	橙	绿	棕	灰	蓝	橙	绿	棕	灰	蓝	橙	绿	棕	灰	蓝	橙	绿	棕	灰

（2）扎带色谱。

每个单位的扎带采用非吸湿性有色材料，10 个以及下单位采用单色谱扎带，11 个及以上单位采用双色谱扎带，双色谱扎带的色谱见表 3-2。

表 3-2　双色谱扎带的色谱

单位序号	1	2	3	4	5	6	7	8	9	10	11	12	13	14	15	16	17	18	19	20	21	22	23	24
扎带色谱	蓝	橙	绿	棕	灰	蓝	橙	绿	棕	灰	蓝	橙	绿	棕	灰	蓝	橙	绿	棕	灰	蓝	橙	绿	棕
	白	白	白	白	白	红	红	红	红	红	黑	黑	黑	黑	黑	黄	黄	黄	黄	黄	紫	紫	紫	紫

思考：从表 3-1 中能看出什么规律？大对数对绞电缆主要用于语音传输，在语音传输信道端接中必须掌握该规律。

二、常用于数据通信的 4 对对绞电缆

1．文字标识

根据国家标准，在对绞电缆的外部护套上每隔 2 英尺（约 0.61m）必须印上标识。不同生产商的产品标识可能不同，但一般都包括对绞线类型、NEC/UL 防火测试和级别、CSA 防火测试、长度、生产日期、生产商和产品号码等信息。例如：VCOM TUM404EGY CABLE UTP ANSI TIA/EIA-568B 24AWG（4PR）OR ISO/IEC 11801 VERIFIED CAT 5e　001M-305M 20090801。

2．颜色标识

综合布线系统设计施工中，所用电缆多且复杂。为了准确无误地标记不同的线路路由，区别和明示不同的信道及区域，对绞电缆均有标准的颜色标识。

例如：目前计算机网络通用的 UTP 4 对对绞电缆颜色标识如图 3-3 所示。

（a）CAT 5e 对绞线电缆　　　　　　　　　　　（b）CAT 6 对绞线电缆

图 3-3　4 对对绞电缆颜色标识

线对 1 为蓝/白蓝，线对 2 为橙/白橙，线对 3 为绿/白绿，线对 4 为棕/白棕（注意端色与环色之分）。

三、对绞电缆连接件

对绞电缆连接件包括 RJ45 信息模块、信息插头（水晶头）、RJ 系列跳线、适配器、配线架等，如图 3-4 所示。

图 3-4　部分连接件

RJ45 信息插座（免打与打线式）如图 3-5 所示。

图 3-5　RJ45 信息插座

对绞电缆组网还要用到交换机。交换机按照功能可分为数据交换机和程控交换机，如图 3-6 所示。

（a）数据交换机 　　　　　　　　　　（b）程控交换机

图 3-6　交换机

项目二　对绞电缆的物理结构

一、对绞电缆防干扰结构

对绞电缆作为信号传输媒介，不仅要求能够有效地传输信号，而且应该具有很好的抑制电磁干扰的能力。因此，在物理结构上要尽可能消除外界电磁干扰，同时要设法消除线之间的电磁干扰。

如图 3-7 所示为超 5 类对绞电缆，4 对对绞线各有不同的扭绞长度，即扭绞疏密程度不一样，各线对的扭绞距离（简称扭矩）见表 3-3。这种扭绞结构能大幅提高整个电缆的防电磁干扰能力。

导体
PE绝缘
十字骨架
撕裂绳
护套

图 3-7　超 5 类对绞电缆

表 3-3　超 5 类对绞电缆各线对的扭距

线对	蓝白/蓝	棕白/棕	橙白/橙	绿白/绿
扭距（cm）	1.2	1.4	1.6	1.8

下面对对绞电缆的防干扰原理做定性分析。

1．干扰信号对未扭绞的两根导线回路的干扰

干扰信号对未扭绞的两根导线回路的干扰如图 3-8 所示。U_e 为干扰信号源，干扰电流 I_e 在双线回路的两条导线 L_1、L_2 上产生的干扰电流分别是 I_1 和 I_2。由于 L_1 距离干扰源较近，因此 $I_1 > I_2$，$I_3 = I_1 - I_2$，$I_3 \neq 0$，则有干扰电流存在。

图 3-8　干扰信号对未扭绞的两根导线回路的干扰

2．干扰信号对扭绞的双线回路的干扰

干扰信号对扭绞的双线回路的干扰如图 3-9 所示。与图 3-8 不同的是，双线回路在中点位置进行了一次扭绞。在中点的两边，各存有干扰电流 I_1 和 I_2，$I_1=I_{11}-I_{21}$，$I_2=I_{22}-I_{12}$。由于两段线路的条件完全相同，所以 $I_1=I_2$。总干扰电流 $I_3=I_1-I_2=0$。通过分析可以得出结论：只要合理地设置线路的扭绞，就能达到消除干扰的目的。

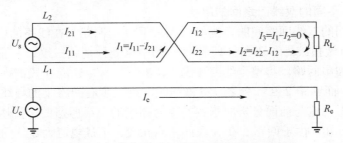

图 3-9　干扰信号对扭绞的双线回路的干扰

3．同一电缆内部各线对之间的串扰

两个未做扭绞的双线回路间的串扰如图 3-10 所示，其中回路 1 为主串回路，回路 2 为被串回路。回路 1 的导线 L_1 上的电流 I_1 在被串回路 L_3 和 L_4 中产生感应电流 I_{13} 和 I_{14}。由于 L_1 与 L_3 的距离较近，所以 $I_{13}>I_{14}$，二者方向相反，抵消后尚余差值 I_4。同样，回路 1 的导线 L_2 上的电流 I_2 在被串回路 L_3 和 L_4 中产生感应电流 I_{23} 和 I_{24}，$I_{23}>I_{24}$。二者相互抵消后，余下差值 I_3。由于导线 L_2 与回路 2 的距离比导线 L_1 小，其差值电流 I_3 一定大于 I_4，I_3 与 I_4 的差为 I_5，在回路 2 内形成干扰。

图 3-10　两个未做扭绞的双线回路间的串扰

4．两个扭距相同的双线回路间的串扰

两个扭距相同的双线回路间的串扰如图 3-11 所示。回路 1 和回路 2 同时在线路中点位

置做扭绞。左边在回路 2 中有 I_5 形成干扰，右边在回路 2 中有 I_{55} 形成干扰。结果在回路 2 内同时有 I_5 和 I_{55} 两个同方向的干扰存在，I_5+I_{55} 不能起到消除回路间串扰的作用。U_{s1} 对 U_{s2} 回路产生干扰电流 I_{12}。由此可得出结论：两个绞合的双线回路扭距相同时，不能消除串扰。

图 3-11 　两个扭距相同的双线回路间的串扰

5. 两个扭距不同的双线回路间的串扰

两个扭距不同的双线回路间的串扰如图 3-12 所示。回路 1 在线路的中点做扭绞。回路 2 除在线路的中点做扭绞外，还在 A 段和 B 段的中点处分别做扭绞。下面以回路 1 为主串回路，回路 2 为被串回路。将整个线路分为 A、B 两段，先分析 A 段的串扰。在 A 段内，回路 1 未做扭绞，而回路 2 在二分之一处做扭绞。进一步看回路 1 的导线 L_1 对回路 2 的干扰情况，不难发现，这与前面分析的干扰信号对扭绞的双线回路的干扰情况完全相同。根据已分析的情况可知，由于回路 2 在 A 段的中点扭绞，干扰电流为零。同理，导线 L_2 对回路 2 的干扰电流也为零。因此在 A 段中，回路 1 对回路 2 的串扰电流为零。

B 段的情况与 A 段完全相同，在 B 段中串扰电流为零。因此，回路 1 对回路 2 的总串扰电流为零。由此可以得出结论：两个各自扭绞的对绞线回路，只要合理设计扭距，可以消除相互串扰。

图 3-12 　两个扭距不同的双线回路间的串扰

二、STP 和 UTP 电缆

STP/ScTP 电缆为屏蔽对绞电缆，如图 3-13 所示。STP 电缆为全屏蔽对绞电缆，4 对对绞线与外界之间、彼此之间都设置屏蔽层；而 ScTP 电缆只屏蔽外界干扰，4 对对绞线之间则彼此不屏蔽。

（a）STP 电缆　　　　　　　（b）ScTP 电缆

图 3-13　STP/ScTP 电缆

UTP 电缆为非屏蔽对绞电缆，如图 3-14 所示。这种电缆虽然有防水层，但无屏蔽层，直径小，能节省空间，重量轻，易弯曲，易安装，具有阻燃性、独立性和灵活性，适用于结构化综合布线。

图 3-14　防水型 UTP 电缆

三、对绞线的主要技术指标

在综合布线系统中，对绞电缆的主要技术指标有特性阻抗、衰减与回路串扰防卫度。

1．特性阻抗

特性阻抗是指在对绞线输入端加以交流信号电压时，输入电压与电流的比值。线路的特性阻抗与线路的直流电阻是完全不同的两个概念。线路的直流电阻与线路的长度成正比，而线路的特性阻抗完全由线路的结构和材料决定，与线路的长度无关。传输线的分布参数在高频状态下的等效电路如图 3-15 所示。

图 3-15　传输线的分布参数在高频状态下的等效电路

由图 3-15 可见，线路的分布电阻和分布电感串联在回路中，分布电容和分布电阻并联在回路中。可以认为线路是由无数个这样的基本节连接起来的。这样的一个混联电路，不论线路多长，输入阻抗都是一个定值。在信号达到一定频率时，线路阻抗 Z 的值为

$$Z = \sqrt{\frac{L}{C}}$$

式中，L 为一个基本节的电感，C 为一个基本节的电容，Z 的单位为Ω。通常专用的非屏蔽超 5 类对绞线的阻抗为 100Ω。

2．衰减

信号通过对绞线会产生衰减。对绞线的衰减 B 是频率的函数，即

$$B = 2\sqrt{f}$$

式中，频率 f 的单位是 MHz，B 的单位为 dB。

3. 回路串扰防卫度

对绞线的回路串扰防卫度表示同一电缆中的一个回路对来自另一个回路的干扰的防卫能力，用 B_c 表示，即

$$B_c = 20 \lg \frac{U_s}{U_c}$$

式中，U_s 为主串回路信号电压，U_c 为被串回路干扰电压，B_c 的单位为 dB。

对绞线的串扰与频率有关。随着频率的增高，回路串扰防卫度降低。超 5 类对绞线的特性阻抗不随频率变化，衰减随着频率的增高而增大，回路串扰防卫度随着频率的增高而降低。

目前在综合布线系统中超 5 类对绞电缆应用比较广泛。超 5 类对绞线的特性阻抗、衰减与回路串扰防卫度见表 3-4。

表 3-4　超 5 类对绞线的特性阻抗、衰减与回路串扰防卫度

频率（MHz）	特性阻抗（Ω）	衰减（dB/100）Max	回路串扰防卫度（dB）
1	100	2	72
10	100	6.3	57
20	100	8.9	52
50	100	14.1	50
100	100	20.0	42
150	100	24.5	35

四、对绞电缆的类型与用途

目前主流应用的对绞线类型包括：5 类（Cat 5）、超 5 类（Cat 5e）、6 类（Cat 6）、6a 类（Cat 6a）、7 类（Cat 7）和 7a 类（Cat 7a）共 6 类。

1. 5 类和超 5 类对绞线

5 类（Category 5，Cat 5）对绞线是 ANSI/EIA/TIA-568A 和 ISO 5 类/D 级标准中用于运行 CDDI（copper Distrbuted Data Interface，铜线分布式数据接口）网络和快速以太网的对绞线揽。5 类对绞线的工作频率为 100Mhz，传输速率为 100Mb/s，可用于 10 BASE-T 传统以太网，以及 100BASE-TX 和 100BASE-T4 快速以太网，也可应用于 IEEE 802.3b 标准的 1000BASE-T 和 TIA/EIA 1000Base-TX 千兆以太网，但不能实现真正的千兆性能。

超 5 类（Category 5e，Cat 5e）对绞线是在 2001 年颁发的 ANSI/EIA/TIA-568B.1 标准和 ISO 5 类/D 级标准中用于运行快速以太网的对绞线揽，是 5 类对绞线标准的改进。尽管超 5 类对绞线在近端的工作频率也为 100MHz，传输速率也是 100Mb/s，但与 5 类对绞线相比，超 5 类对绞线在近端串扰（NEXT）、串扰总和（包括远端串绕 FEXT 和近端串绕 NEXT 两部分）、衰减（Attenuation）和信噪比（SNR）4 个主要指标上都有较大的改进。超 5 类对绞线在更好地满足 5 类对绞线所应用的传统以太网、快速以太网的网络环境的同时，也更好地支持了 IEEE 802.3b 标准的 1000BASE-T 千兆以太网。

5 类和超 5 类都有屏蔽和非屏蔽之分。

2. 6 类和 6a 类对绞线

6 类（Category 6，Cat 6）对绞线是 ANSI/EIA/TIA-568B.2-1 和 ISO 6 类/E 级标准中规定的一种对绞线电缆。它的工作频率为 200MHZ-250MHZ，是超 5 类线带宽的 2 倍以上；最大传输速率可以达到 1000Mb/s，是专为满足千兆以太网需求而开发的。当然，它也向下兼容以前标准的以太网、快速以太网，所以同时用于 10BASE-T、10BASE-TX、100BASE-TX、100BASE-T4、1000BASE-T 和 1000BASE-TX 以太网。同时也可小范围支持 10G base 的 10G 以太网（单线段最长仅为 55 米）。

6a 类（Augmented Category 6，增强型 6 类）线的改进版，是在 2008 年 2 月发布的 ANSI/EIA/TIA-568B.2-10 标准和 ISO 6 类/E 级标准中规定的一种对绞线电缆，也称 6 类对绞线。6a 类对绞线的工作频率可以达到 500MHZ，两倍于 Cat 6 标准；最大传输速率可以达到 10Gb/s，可以更好地支持 10GBase-T 以太网，单段网线长度最长也达到了 100 米。另外在串扰、衰减和信噪比等方面较 6 类对绞线有较大改进。

6 类和 6a 类对绞线也都有屏蔽和非屏蔽之分，但 6 类和 6a 对绞线中间都有一个十字轴。制作网线时要剪掉。另外，相比前面介绍的 5 类和超 5 类对绞线来说，6 类和 6a 类对绞线的线径要更粗、更硬、扛拉能力更强，主是要因为里面有一根中心的十字轴。但这也给布线带来一定的难度。

3. 7 类和 7a 类对绞线

7 类（Category 7，Cat 7）线是在 2002 年发布的 ISO/IEC 11801 标准和 ISO 7 类/F 级标准中的一种对绞线电缆，主要为了万兆以太网技术的广域网应用和发展。7 类对绞线的工作频率至少可到 600Mhz，是 6 类对绞线的 2 倍以上，超过 6a 类对绞线的 500Mhz；传输速率同样可达 10Gb/s。

7a 类（Category 7a，Cat 7a）对绞线是目前最新的对绞线类型，但正式标准还没有发布。根据其草案标准可以得知，7a 类对绞线的工作频率可以达到 1000Mhz，适用于包括 40Gb/s 以太网、100Gb/s 以太网、CATV 等多种应用。但就目前的草案标准，在 40Gb/s 以太网中，7a 类对绞线电缆单段长度最长只是 50 米，而在 100Gb/s 以太网中，单段 7a 对绞线网线的长度仅为 15 米。

在 7 类和 7a 类对绞线中，没有非屏蔽类型，只有屏蔽类型。但这种屏蔽对绞线与 5 类、超 5 类屏蔽对绞线相比，有一个特殊的地方，那就是 8 条芯线有统一的屏蔽层外，还在各芯线上分别加了一个屏蔽层。在 6 类和 6a 类对绞线中，也有这种屏蔽对绞线类型。双屏蔽层的主要目的就是提高电缆在高速传输中的稳定性和抵抗干扰的能力。双屏蔽层的 6 类、6a 类、7 类、7a 类对绞线中心没有十字轴。

图 3-16　7 类线及连接件

综上所述，对绞电缆种类编号数值越大则性能越好。

国家标准 GB 50311—2016 中规定了对绞电缆布线系统的分级与类别，见表 3-5。

表 3-5　对绞电缆布线系统的分级与类别

系统分级	系统产品类别	支持频率（Hz）	支持应用器件	
			电缆	连接硬件
A	—	100k	—	—
B	—	1M	—	—
C	3 类（大对数）	16M	3 类	3 类
D	5 类（屏蔽和非屏蔽）	100M	5/5e 类	5/5e 类
E	6 类（屏蔽和非屏蔽）	250M	6 类	6 类
E_A	6_A 类（屏蔽和非屏蔽）	500M	6_A 类	6_A 类
F	7 类（屏蔽）	600M	7 类	7 类
F_A	7_A 类（屏蔽）	1000M	7_A 类	7_A 类

知识拓展　RJ 连接件的电气连接原理

1．RJ45 水晶头的电气连接原理

如图 3-17 所示，利用压线钳的压力使 RJ45 水晶头中的"8P8C"触点刀片首先压破线芯绝缘护套，然后直接切入铜线芯中，实现刀片与线芯的电气连接。每个 RJ45 水晶头中有 8 个刀片，每个刀片与 1 个线芯连接。

图 3-17　RJ45 水晶头的电气连接原理

2．RJ45 信息模块的电气连接原理

如图 3-18 所示，打接式 RJ45 信息模块的接线块并排两边，每边并列 4 个凹凸且带刀片的金属弹簧夹槽，用打线工具或者特殊设计的扣锁连接帽将铜导线强行打压进入，金属弹簧带刀片突破导线绝缘层嵌入铜线芯之中并紧紧夹住导线，实现模块与电缆的电气连接。

图 3-18　RJ45 信息模块的电气连接原理

3．5 对连接模块的电气连接原理

110 配线架上一般使用 5 对连接模块，5 对连接模块中间有 5 个双头刀片，每个刀片两头分别压一根芯线，实现两根芯线的电气连接。在实施连接模块下层端接时，将每根线放

入 110 配线架底座上对应的接线口，尽量往槽底压，以免滑走错位。将 5 对连接模块对准相应的槽垂直用力向下压紧，在压紧过程中模块中的刀片首先划破芯线的绝缘层，后与铜线芯紧密接触，实现芯线与连接模块刀片的电气连接。5 对连接模块压接前的结构如图 3-19（a）所示，5 对连接模块压接后的结构如图 3-19（b）所示。

　　5 对连接模块上层端接与下层端接原理相同，将待连接线的各芯线放到模块上部对应的端接口并尽量向下槽中压，用多芯压接器或单芯压接器进行压接，在压紧过程中模块中的刀片首先划破芯线的绝缘层，切入铜线芯紧密连接，另一根线的芯线与连接模块刀片电气连接，最终实现两根线的可靠连接。

　　　　（a）5 对连接模块压接前的结构　　　　　　（b）5 对连接模块压接后的结构

图 3-19　5 对连接模块的电气连接原理

技能练习 4　RJ45 连接件端接

进程一：知识准备

　　4 对对绞电缆与 RJ45 信息插头（水晶头）、插座（信息模块）端接有 ANSI/TIA/EIA 568A 和 ANSI/TIA/EIA 568B 两种线序，如图 3-20 所示。

　　ANSI/TIA/EIA 568A 从左至右线序为：绿白、绿、橙白、蓝、蓝白、橙、棕白、棕。

　　ANSI/TIA/EIA 568B 从左至右线序为：橙白、橙、绿白、蓝、蓝白、绿、棕白、棕。

　　　（a）ANST/TIA/EIA 568A　　　　　　　（b）ANST/TIA/EIA 568B

图 3-20　ANSI/TIA/EIA 568A 和 568B 两种线序

进程二：按下述步骤进行水晶头和打接式信息模块端接练习

1. 水晶头端接步骤

（1）用压线钳剥线刀口将对绞线一端剥去 30mm 的护套皮，注意不得伤及线芯。

（2）按扇形顺序开绞裸露出来的（蓝、绿、橙、棕）4 个线对导线。

（3）按 568B 线序将 8 根导线排列好。

（4）用手指按压，尽力使排序后的 8 根导线紧密靠拢、平整直齐，并用压线钳平齐剪切，使裸导线预留量为 14mm。

（5）确认 14mm 的 8 根导线符合 568B 线序，将水晶头正面朝前，用右手将（从左到右）线序齐整的 8 根导线同时插入水晶头中，并一直插到顶。

（6）再次检查已插入水晶头中的导线线序，确认无误后，用压线钳压口压接水晶头。

（7）重复上述步骤，在对绞线另一端压接上水晶头。

（8）用线缆测试仪测试压接好水晶头的跳线，分别将两水晶头插入测试仪端口中，打开测试仪，观看指示灯是否顺序闪烁。若交错闪烁，说明线序有误，须重做。

2．打接式信息模块端接步骤（图 3-21）

图 3-21　信息模块的结构

（1）将对绞线穿过底盒，用压线钳剥线刀口将对绞线穿过一端剥去 30mm 的护套皮（不得伤及线芯）。

（2）按扇形开绞裸露出来的（橙、绿、蓝、棕）4 个线对导线。

（3）用手指按压拉直 8 根导线，对照 568B 标准按模块线序分别将各色码导线分开呈扇形。

（4）将呈扇形的 8 根导线正对模块嵌入口，分别将各色码导线按模块线序用手压入齿槽中。

（5）戴上手掌保护器，安置好模块，用打线钳分别将 8 根导线打入模块齿槽口中。

（6）将打好线的模块（测试后）嵌入底盒，顺序安装面板。

学习任务 二　　**光缆及其连接件**

学习目的：

　　了解光缆及其接件的规格与种类，掌握光缆的物理结构和基本理论

在信息传输中，通信容量与载波频率（工作带宽）成正比，光纤的潜在载波频率，大约为 200THz，所以光纤传输有巨大的带宽，而且光纤传输信息损耗小，传输距离远。在 1550nm 波长下工作时，传输速率是 10Gbps，传输损耗为 0.2dB/km，无中继传输距离理论上可以达到 100km。另外，光纤传输光束，不受电磁干扰，在强电磁场环境中也可普遍应用。

目前在各种有线信息传输网中，光缆主要用来构建网络主干传输线路，有线网络实现 10Gbps 数据传输能力，光纤上桌面直连终端设备是目前普遍应用的现代网络通信工程技术。所以，有必要了解光缆。只有这样才能紧跟通信技术发展步伐，更好地从事综合布线工程设计与施工工作。

 光缆的文字标识

一、光缆的型号

光缆的型号由分类代号、加强构件代号、派生代号、护层代号和外护层代号 5 个部分组成，如图 3-22 所示。

图 3-22　光缆的型号

1．光缆分类代号及其意义

GY——通信用室（野）外光缆。

GR——通信用软光缆。

GM——通信用移动式光缆。

GJ——通信用室（局）内光缆。

GS——通信设备内光缆。

GH——通信用海底光缆。

GT——通信用特殊光缆。

2．加强构件代号及其意义

无符号——金属加强构件。

F——非金属加强构件。

3．派生代号及其意义

B——扁平式结构。

C——自承式结构。

D——光纤带结构。

G——骨架槽结构。

J——光纤紧套被覆结构。

S——松套结构。

T——油膏填充式结构。

X——中心束管结构。

Z——阻燃。

光纤松套被覆结构、层绞结构、干式阻水结构无符号。

4．护层代号及其意义

Y——聚乙烯护层。

V——聚氯乙烯护层。

U——聚氨酯护层。

A——铝-聚乙烯粘接护层。

W——夹带平行钢丝的钢-聚乙烯粘接护层。

L——铝护层。

G——钢护层。

Q——铅护层。

S——钢、铝、聚乙烯综合护层。

5．外护层代号及其意义

外护层指铠装层及铠装层外边的外被层，外护层代号及其意义见表 3-6。

表 3-6　光缆外护层代号及其意义

代号	铠装层	外被层
0	无	无
1	—	纤维层
2	双钢带	聚氯乙烯套
3	细圆钢丝	聚乙烯套
4	粗圆钢丝	—
5	单钢带皱纹纵包	—

二、光缆的规格

光缆的规格由光纤数目和光纤类别代号组成，如图 3-23 所示。如果同一根光缆中含有两种或两种以上规格（光纤数目和类别）的光纤，应用"+"号连接。

图 3-23　光缆的规格

（1）光纤数目：用光缆中同类别光纤的实际有效数目表示。

（2）光纤类别代号：多模光纤类别代号见表 3-7，单模光纤类别代号见表 3-8。

表 3-7　多模光纤类别代号

分类代号	特性	纤芯直径（mm）	包层直径（mm）	材料
A1a	渐变折射率	50	125	二氧化硅
A1b	渐变折射率	62.5	125	二氧化硅
A1c	渐变折射率	85	125	二氧化硅
A1d	渐变折射率	100	140	二氧化硅
A2a	突变折射率	100	140	二氧化硅

表 3-8　单模光纤类别代号

分类代号	名　称	材　料
B1.1（或 B1）	非色散位移型	二氧化硅
B1.2	截止波长位移型	二氧化硅
B2	色散位移型	二氧化硅
B4	非零色散位移型	二氧化硅

下面举例说明光缆的型号。

（1）金属加强构件、松套层纹填充式、铝-聚乙烯粘接护套、皱纹钢带铠装、聚乙烯护层的通信用室外光缆，包含 12 根 50/125μm 二氧化硅系渐变型多模光纤和 5 根用于远距供电及监测的铜线径为 0.9mm 的 4 线组，光缆的型号应表示为 GYTA53 12A1+ 5×4×0.9。

（2）金属加强构件、骨架填充式、铝-聚乙烯粘接护套通信用室外光缆，包含 24 根非色散位移型单模光纤，光缆的型号应表示为 GYGTA24B1。

（3）光缆型号 GYTA-8B1.3，表示通信用室外光缆（GY），填充式结构（T），铝-聚乙烯粘接护套（A），8 芯（8），常规单模光纤 G.652C（B1.3）。

（4）用户入户光缆即皮线光缆（或称蝶形光缆）型号为 G.657。

项目二　光缆的颜色标识

光缆中的光纤单元、单元内光纤、导电线组（对）及组（对）内的绝缘线芯，采用全色谱或领示色谱来识别光缆的端别与光纤序号。

端别识别方法：由领示光纤（或导线、填充线）以红—绿（或蓝—黄等）顺时针为 A 端，逆时针为 B 端。施工时注意 A 端朝向局端，B 端朝向用户端。

单色色码的蒙皮表示不同的光纤类型，如图 3-24 所示。

图 3-24　单色色码光纤

12 芯光缆色码序列如图 3-25 所示。

图 3-25　12 芯光缆色码序列

国标全色谱：蓝、橙、绿、棕、灰、白、红、黑、黄、紫、粉红、水绿。
国标色谱 W：蓝、橙、绿、棕、本色（自然色）、红、黑、黄、紫、粉红、水绿。
国标色谱 A：蓝、橙、绿、棕、白、红、黑、黄、紫、粉红、本色。
光纤、光缆色谱排列见表 3-9～表 3-11。

表 3-9　松套管中光纤的色谱排列（国际光纤色谱）

光纤号	1	2	3	4	5	6	7	8	9	10	11	12
颜色	蓝	橙	绿	棕	灰	白	红	黑	黄	紫	粉红	青绿

表 3-10　领示色谱排列

套管号	1	2	3	4	5	6	7	8	9	10	11	12
颜色	红	绿	本色	本色	本色	本色	本色	本色	本色	本色	本色	本色

表 3-11　全色谱排列

套管号	1	2	3	4	5	6	7	8	9	10	11	12
颜色	蓝	橙	绿	棕	灰	白	红	黑	黄	紫	粉红	水绿

项目三　光纤的结构、分类与传输特性

光纤是光导纤维的简称，它是一种约束光并传导光的同轴多层圆柱实体介质光波导。光纤通信指以光纤为传输介质、以光波为载波的现代通信技术。

一、光纤的结构

光纤是一种细长多层同轴圆柱形实体复合纤维，自内向外分别为纤芯（芯层）、包层、涂覆层（被覆层），如图 3-26 所示。

图 3-26　光纤的结构

二、光纤的分类

1. 按照制造材料分类

按这种方式可分为玻璃光纤、全塑光纤和石英光纤。

2. 按照光纤横截面折射率分布规律分类

（1）阶跃型光纤。

纤芯折射率沿半径方向保持一定，包层折射率沿半径方向也保持一定，而且纤芯和包层的折射率在边界处呈阶梯型变化的光纤称为阶跃型光纤，又称均匀光纤，如图 3-27（a）所示。

（2）渐变型光纤。

纤芯折射率随着半径增大而逐渐减小，而包层折射率是均匀的，这种光纤称为渐变型光纤，又称非均匀光纤，如图 3-27（b）所示。

（a）阶跃型光纤　　　　　　　（b）渐变型光纤

图 3-27　光纤的分类

3. 按照纤芯中的传输模式分类

（1）单模光纤。

在同一波长下只传输一种模式光（一束光线）的光纤称为单模光纤（图 3-28），单模光纤的纤芯直径较小，为 4～10μm。通常认为纤芯的折射率是均匀分布的，由于单模光纤只传输基模，从而完全避免了模式色散，使传输带宽大大提高。因此，它适用于大容量、长距离的光纤通信。

图 3-28　单模光纤

（2）多模光纤。

同时传输多种模式光的光纤称为多模光纤，如图 3-29（a）所示；多模光纤可以采用阶跃型折射率分布，如图 3-29（b）所示；也可以采用渐变型折射率分布，如图 3-29（c）所示。多模光纤的纤芯直径为 50～62.5μm。虽然多模光纤由于模式色散的存在使光传输带宽变小，但其制造、耦合及连接比单模光纤容易。为减少模式色散，多模光纤大都采用渐变型。

（a）多种模式光在纤芯中传输

（b）多模阶跃型光纤　　　　　　　　　　（c）多模渐变型光纤

图 3-29　多模光纤

4．按照工作波长分类

按这种方式分为短波长光纤（工作波长在 0.85μm）、长波长光纤（工作波长在 1.31μm、1.55μm）、超长波长光纤（工作波长在 2.0μm 以上）。

三、光纤的传输特性

1．传输损耗

光波在光纤中传输时，随着传输距离的增加，光功率逐渐下降，这就是光纤的传输损耗，其直接影响光纤通信系统传输距离。光纤传输损耗如图 3-30 所示。

图 3-30　光纤传输损耗

相关计算公式如下：

$$A(\lambda) = 10\lg(P_1/P_2) \text{ 或 } A(\lambda) = -10\lg(P_2/P_1)$$

$$a(\lambda) = A(\lambda)/L$$

式中，$A(\lambda)$为线路上输入点与输出点之间的光信号总衰减，单位为 dB；P_1为输入光功率，单位为 W 或 mW；P_2为输出光功率，单位为 W 或 mW；$\alpha(\lambda)$为光纤线路上光信号的衰减系数，单位为 dB/km；L为输入点与输出点之间的距离，单位为 km。

2．色散

光脉冲在光纤中传输，随着传输距离的增大，脉冲波形在时间上发生了展宽，这种现象称为光纤的色散。

光纤的色散特性会使输入脉冲在传输过程中展宽，产生码间干扰，增加误码率，这样就会限制通信容量。色散对光脉冲波形宽度的影响如图 3-31 所示。

图 3-31　色散对光脉冲波形宽度的影响

3．非线性效应

光纤的非线性效应是指在强光场的作用下，光波信号和光纤介质相互作用的一种物理效应。

一类是由于散射作用而产生的非线性效应，包括受激喇曼散射（SRS）和受激布里渊散射（SBS）。另一类是由于光纤的折射率随光强度变化而引起的非线性效应，包括自相位调制（SPM）、交叉相位调制（XPM）、四波混频（FWM）。

 项目四　光缆的结构和分类

一、光缆的结构

为了使光纤能在不同的环境中使用，在光纤束外加上套塑、钢丝加强件、填充物、阻水带、外护套等形成光缆，因此平常所说的光缆通信和光纤通信并没有本质的区别，传输信号的介质都是光纤。

二、光缆的分类

光缆的分类见表 3-12。

表 3-12　光缆的分类

分类方法	光缆的种类
按所使用的光纤分类	单模光缆、多模光缆（阶跃型、渐变型）
按缆芯结构分类	层绞式光缆、骨架式光缆、大束管式光缆、带式光缆、单元式光缆
按外护套结构分类	无铠装光缆、钢带铠装光缆、钢丝铠装光缆
按光缆材料有无金属分类	有金属光缆、无金属光缆
按维护方式分类	充油光缆、充气光缆
按敷设方式分类	直埋光缆、管道光缆、架空光缆、水底光缆
按适用范围分类	中继光缆、海底光缆、用户光缆、局内光缆

（1）层绞式光缆如图 3-32 所示。

特点：沿袭了电缆的结构形式，光纤放置在松套管中，光缆连接时有利于保护光纤。制造设备与电缆通用，无须重新投入传统的生产工艺，生产稳定，工程配套设施多。

图 3-32　层绞式光缆

（2）中心束管式光缆如图 3-33 所示。

特点：采用专门为光纤而设计的结构，光纤位于光缆的中心，给光纤以最好的保护，耐侧压能力强，可有效防止雷击，缆径小，盘长大，施工方便，易开剥，不易打结，可一次接入所有光纤，无须二次开剥。

① 2～12芯光纤
② 纤膏
③ PBT松套管
④ 磷化钢丝
⑤ 阻水带
⑥ 轧纹钢塑带
⑦ 印字
⑧ 聚乙烯外护套

—— GYXTW
中心束管式光缆

图 3-33　中心束管式光缆

（3）骨架式光缆如图 3-34 所示。

特点：光缆中光纤芯数较多，重量较大，在国内应用不多。

着色光纤
填充油膏
骨架
非金属加强件
PE护层
PVC外护层
包带

图 3-34　骨架式光缆

（4）带式光缆如图 3-35 所示。

特点：容量大，施工效率高，一次可熔接 12 芯，需要带式光纤熔接机和特殊夹具。

（5）皮线光缆如图 3-36 所示。

皮线光缆是一种新型入户光缆，俗称 8 字光缆，适用于室内及终端安装等经常需要弯曲光缆的场合，布线时可以根据现场的距离进行裁剪，并配合快速连接接头及光纤冷接子安装，现场施工无须进行熔纤。

（6）特殊结构光缆如图 3-37 所示。一般用在电力杆塔架上。

图 3-35 带式光缆

图 3-36 皮线光缆

图 3-37 特殊结构光缆

（7）设备与配线架之间连接的软光缆如图 3-38 所示。

（a）双芯

（b）单芯

图 3-38 软光缆

 项目五 光纤连接件

一、光缆的配线接续设备

光纤配线架（柜）如图 3-39 所示，它是光纤线路端接和交连的地方，它把光纤线路末端直接连到端接设备并利用短的互连光缆把两条线路交连起来。所有的光纤配线架均可安装在标准框架上，也可直接挂在设备间或配线间的墙壁上。用户可根据功能和容量选择连接器。光纤配线架适用于外线光缆与光通信设备的连接，具有固定光缆、分纤缓冲、熔接、接地保护，以及光纤的分配、组合、调度等功能。

光缆交接箱如图 3-40 所示，它是室外光缆接入网中主干光缆与配线光缆节点处实现室外光纤配线的设备，可以实现光纤的直通、盘储、熔接和调度，他有两种安装方式，分别是室外落地和架空安装。

光缆分线箱如图 3-41 所示。

图 3-39 光纤配线架 　　　图 3-40 光缆交接箱 　　　图 3-41 光缆分线箱

二、光纤连接器

1. 光纤连接器的一般结构

光纤连接器一般采用高精密组件（由 2 个插针和 1 个耦合管组成）实现光纤的对准连接。插针表面进行抛光处理后，在耦合管中实现对准。插针的外组件采用金属或非金属材料制作。插针的对接端必须进行研磨处理，另一端通常采用弯曲限制构件来支撑光纤或光纤软缆以释放应力。

2. 光纤连接器的种类

按连接头结构分为 FC、SC、ST、LC、D4、DIN、MU、MT 型；按光纤端面形状分为 FC、PC（包括 SPC 和 UPC）和 APC 型；按光纤芯数分为单芯、多芯（如 MT-RJ 型光纤连接器）。常见的光纤连接器如图 3-42 所示。

图 3-42 常见的光纤连接器

3．光纤连接器的性能

光纤连接器的性能包括光学性能、插入损耗、回波损耗、互换性、重复性、抗拉强度、温度和插拔次数等。

（1）插入损耗。

插入损耗是计算公式如下：

$$A_C = -10\lg(P_0 / P_1)$$

式中，A_C 为插入损耗，单位为 dB；P_1 为输入端的光功率；P_0 为输出端的光功率。

对多模光纤连接器，输入的光功率应当经过稳模器，滤去高次模，使光纤中的模式为稳态分布。插入损耗越小越好。

（2）回波损耗

回波损耗又称后向反射损耗，其计算公式如下：

$$A_r = -10\lg(P_r / P_0)$$

式中，A_r 为回波损耗，单位为 dB；P_0 为输入光功率，P_r 为后向反射光功率。回波损耗越大越好，以减小反射光对光源和系统的影响。

（3）重复性。

重复性是指光纤（缆）活动连接器多次插拔后插入损耗的变化，单位为 dB。

（4）互换性。

互换性是指连接器各部件互换时插入损耗的变化，单位为 dB。

三、光纤跳线和尾纤

光纤跳线是两端带有光纤连接器的光纤软线，又称互连光缆，有单芯和双芯、多模和单模之分。光纤跳线主要用于光纤配线架到交换设备或光纤信息插座到计算机的跳接，根据需要，跳线两端的连接器可以是同类型的，也可以是不同类型的，其长度在 5m 以内，如图 3-43（a）所示。

光纤尾纤一端是光纤，另一端连光纤连接器，用于与综合布线的主干光缆和水平光缆相接，有单芯和双芯两种，一条光纤跳线剪断后就形成两条光纤尾纤，如图 3-43（b）所示。

（a）光纤跳线 　　　　　　　　　（b）光纤尾纤

图 3-43　光纤跳线与尾纤

🔍 技能练习5　组装光纤连接器与耦合器

常见的光纤连接器有 ST 型和 SC 型，ST 型是圆头的，SC 型是方头的，此外还有 FC

型、LC 型、FJ 型、MT-RJ 型及 VF45 型微型光纤连接器。这里以 ST 型连接器为例进行练习。

进程一：清洁光纤连接器

拿下 ST 型连接器头上的黑色保护帽，用沾有光纤清洁剂的棉签轻轻擦拭连接器头。

进程二：清洁耦合器

摘下光纤耦合器两端的红色保护帽，用沾有光纤清洁剂的杆状清洁器穿过耦合器孔擦拭耦合器内部，以除去其中的碎片，然后用罐装气吹去耦合器内部的灰尘，如图 3-44 所示。

图 3-44　清洁耦合器

进程三：将光纤连接器插到耦合器中

将光纤连接器头插入耦合器的一端，耦合器上的突起对准连接器槽口，插入后扭转连接器以使其锁定。如经测试发现光能量耗损较高，则要摘下连接器并用罐装气重新清洁耦合器，然后再插入光纤连接器。在耦合器的两端插入 ST 光纤连接器，并确保两个连接器的端面在耦合器中接触，如图 3-45 所示。重复以上步骤，直到将所有的光纤连接器都插入耦合器为止。

图 3-45　在耦合器的两端插入光纤连接器

注意：若一次来不及装上所有的光纤连接器，则要盖上连接器头上的黑色保护帽，而耦合器空白端或未连接的一端（另一端已插上连接头的情况下）要盖上红色保护帽。

模块四

综合布线系统设计

工作区布线技术

学习目的：

　　了解工作区设计技术要求和等级，掌握设计步骤，会确定设计方案，掌握信息插座安装和跳线制作方法

 工作区设计

　　工作区是需要设置终端设备（TE）的独立区域，包括由配线子系统的信息插座模块（I/O）延伸到终端设备处的连接线缆及适配器，工作区布线一般是非永久性的，根据终端使用需要可随时变更、增加或减少。

一、工作区面积与信息点数量配置

　　进行工作区设计，首先要根据建筑物的类型、性质及用途确定工作区的面积，具体规定见表4-1。

表4-1　工作区的面积

（m²）

建筑物的类型及功能	工作区的面积
网管中心、呼叫中心、信息中心等终端设备较为密集的场地	3～5
办公区	5～10
会议、会展	10～60
商场、生产机房、娱乐场所	20～60
体育场馆、候机室、公共设施区	20～100
工业生产区	60～200

　　一个独立的工作区内至少有一个信息终端设备，通常是一台计算机或一部电话机。要根据建筑物房间用途和分布情况，按照通信（语音与数据）信息终端设备位置需求，实地划分工作区，确定信息点的数量，工作区信息点数量配置见表4-2。

表 4-2　工作区信息点数量配置

建筑物功能区	信息点数量（每一工作区）			备　注
	电话（语音）	数据	光纤（双工端口）	
办公区（一般）	1 个	1 个	—	—
办公区（重要）	1 个	2 个	1 个	数据信息有较大要求
出租或大客户区域	2 个或 2 个以上	2 个或 2 个以上	1 个或 1 个以上	指整个区域配置数量
办公区（政务工程）	2～5 个	3～5 个	1 个或 1 个以上	涉及内外网络时

根据表 4-2，还可将工作区设计分为三个等级。

1．基本设计

每个工作区内有一个信息插座，一条 UTP4 对对绞电缆连接信息插座与终端设备，完全采用 110A 交叉连接硬件，并与未来附加设备兼容，干线电缆至少有两对对绞线。

2．增强设计

每个工作区有两个或两个以上信息插座，信息插座均对应连接配线子系统一条 4 对 UTP 对绞电缆，具有 110A 交叉连接硬件，并与未来附加设备兼容；电缆至少有 8 对对绞线，有两个信息插座，灵活方便、功能齐全，任何一个插座都可以实现语音和数据信息的高速传输，便于管理与维护。

3．综合设计

每个工作区所在的建筑物、建筑群干线或配线子系统均配置 62.5/125μm 的光缆。电缆中应有两对以上对绞线，有两个以上信息插座，灵活方便、功能齐全，任何一个信息插座都可实现语音和数据传输。

二、工作区设计标准（GB 50311—2016）

1．适配器配置

（1）设备的连接插座应与连接电缆的插头匹配，不同的插座与插头之间应加装适配器。

（2）信号的数模转换、光电转换、数据传输速率转换等相应装置的连接，应采用适配器。

（3）对于网络规程的兼容，采用协议转换适配器。

（4）不同的终端设备或适配器均应安装在工作区的适当位置，并应考虑现场的电源与接地。

2．硬件配置与安装

（1）每个工作区接插软线和适配器布放应做到合理、美观。

（2）每个工作区内安装在墙壁上的信息插座应距离地面 30cm 以上，做到横平竖直、安装牢固，如图 4-1 所示。

（3）每个工作区内信息插座与终端设备的距离应保持在 5m 以内。

（4）每个工作区应配置不少于两个单相交流 220V/10A 电源插座盒，工作区的电源插座应选用带保护接地的单相电源插座，保护地线与零线应严格分开，终端设备与网线应尽量远离空调、电风扇。

（5）电源线与通信电缆之间的距离应保持在 10cm 以上，电源播座与信息插座之间的距离应不小于 20cm。

（6）终端网卡的类型接口与线缆类型接口应保持一致。

图 4-1 信息插座与电源插座的布局

三、工作区设计步骤

（1）确定工作区（房间）面积、用途、位置与数量，并确定设计等级。

（2）确定每个工作区的信息点数量。

（3）依据建筑物中所有工作区，得到信息点总数量。

（4）估算所有工作区 RJ 信息插头（水晶头）、RJ 信息插座（信息模块）及底盒和面板的需求量。

信息模块的需求量估算公式为 $m_{信息模块}=n+n\times3\%$。式中，$m_{信息模块}$ 表示信息模块的需求量；n 表示信息点的总量；$n\times3\%$ 表示富余量。

一栋大楼或一个楼层中，一条链路需要两条跳线，一条从配线架跳接到交换设备，一条从信息插座连到终端设备。压接跳线 RJ 信息插头（水晶头）需求量估算公式为 $m_{信息插头}=n\times4+n\times4\times5\%$。式中，$m_{信息插头}$ 表示 RJ 水晶头的需求量；n 表示信息点的总量；$n\times4\times5\%$ 表示富余量。

技能练习6 确定学校教学楼工作区与信息点数量

进程一：确定房间性质与用途现场调查学校教学楼二楼房间的性质与用途，记录在表 4-3 中。

表 4-3 记录表

楼层编号	房间编号							
	性质与用途							

进程二：确定各楼层工作区的类型和数量

将相关信息填在表 4-4 中。

表 4-4 工作区与信息点记录表

楼层编号	工作区数量（个）	信息点数量（个）	双口 RJ45/11 信息模块需求量（个）	RJ45/11 水晶头需求量（个）	双口面板需求量（个）	底盒需求量（个）	BNC 需求量（个）	细同轴电缆终端头需求量（个）	备注
合计									

依据表中数据，说明各楼层综合布线系统设计等级

项目二 大开间办公室布线

一、大开间办公室布线设计原则

1．综合性

办公室布线须满足各种不同信号的传输需求，将所有语言、数据、图像、监控设备的布线组合在一套标准的布线系统中，设备与信息出口之间只需一根标准的连接线通过标准的接口连接。

2．可靠性

办公室布线系统使用的产品必须通过国际认证，布线标准和线缆安装、测试必须遵循国内现行布线规范和测试规范。

3．灵活性

每个办公室内信息点和布线应满足用户当前需求，也要满足用户对未来信息传输服务的期望；数据/语音的电/光缆布线应是一套完整的系统。

4. 合理性

办公室强弱电的布线走线应严格按照规范进行，尽可能降低线缆之间的干扰；线缆须暗敷，不得已明敷时，应尽可能做到横平竖直、外形美观；应保证终端设备使用便利。

5. 有线和无线优势互补

根据具体建筑物环境和办公要求，长期还是临时使用网络等情况，决定采用有线布线还是无线布线；一般来说，应将有线和无线有机结合起来。

二、大开间办公室布线技术

1. 通道分段对绞电缆长度

大开间办公室通常采用开放式综合布线，通常用分隔板将办公室分成若干个工作区，如图4-2所示。采用多用户信息插座（MUTO）时，每个多用户插座应能支持12个工作区所需的8位模块通用插座，并宜包括备用量。

图4-2 大开间办公室分隔出来的工作区

大开间工作区综合布线采用对绞电缆时，各段电缆长度应符合表4-5的规定，其中C、W取值按下列公式进行计算：

$$C=（102-H）/（1+D）$$
$$W=C-T$$

式中，C为工作区设备电缆、电信间跳线及设备电缆的总长度；H为水平电缆的长度，（$H+C$）$\leqslant$100m；T为电信间内跳线和设备电缆的长度；W为工作区设备电缆的长度；D为调整系数，对24号线规取为0.2，对26号线规取为0.5。

表4-5 各段电缆长度限值

电缆总长度	24号线规（AWG）		26号线规（AWG）	
H（m）	W（m）	C（m）	W（m）	C（m）
90	5	10	4	8
85	9	14	7	11

电缆总长度	24 号线规（AWG）		26 号线规（AWG）	
H（m）	W（m）	C（m）	W（m）	C（m）
80	13	18	11	15
75	17	22	14	18
70	22	27	17	21

设置集合点（CP）时，配线设备应安装在距离 FD 不小于 15m 的墙面或其他固定结构上，CP 配线设备容量应满足 12 个工作区信息插座的需求。CP 是配线电缆的转接点，不设跳线，也不接有源设备，CP 引出电缆必须接于工作区的信息插座或多用户信息插座上。若集合点引出的 CP 线缆是光缆，则光缆应终接于工作区的光纤连接器。多用户信息插座和集合点的配线箱体应安装于墙体或柱子等建筑物固定的永久位置。

2．多网统一布线

采用 6 类对绞电缆综合布线，语音、数据、视频监控应统筹设计，为楼宇智能化应用打好基础。在 100m 距离上，可用两对线进行双向视频传送，力求在一条电缆上同时传输视频和语音信号。办公区应预留 1～2 个 RJ45 或光纤信息端口，以供以后扩展。

3．信息插座及其安装位置

信息插座的安装位置有地面、墙面及隔板三种。

（1）地面插座只适用于大楼一层办公室，安装于地面的金属底盒应当密封、防水、防尘并带有升降功能。建议根据工作区房间的功能和用途确定位置后，做好预埋。

（2）安装在墙面时，沿大开间四周的墙面每隔一定距离均匀地安装 RJ45 埋入式插座。

（3）隔板处安装和墙面安装相同，有时要在一块隔板两面都安装信息插座和电源插座，信息插座和电源插座不能处于同一位置（正反两面），注意错开。

4 口信息插座：两个网络接口布线/两个语音点（一个内线、一个外线），数据/语音布线能够互换或共享，并预留光纤接口。办公室合适的位置还须布置视频监控点和灭火系统探头点。布线信息插座数量在满足现有所有终端设备办公的情况下应有 10%～20%的冗余。

多用户插座：类似于多功能/多介质用户面板，信息插座可以是铜介质，也可以是光介质，使用灵活。多用户插座的安装同普通的综合布线工作区信息插座一样，在墙内暗埋安装底盒，从楼层配线架引铜缆/光纤至底盒。

区域布线箱：针对大开间办公室的需求，可专设区域布线箱，有源区域布线箱内一般设计有交换机等有源设备。楼层配线架须满足一定备份量的电/光缆至布线箱的网络设备，通过交换设备分出满足工作区信息点使用量的线缆，再通过配线架的管理功能将对绞线敷设到位。语音部分沿用原有 110 跳线架方式。无源设备由楼层电信间配线架引出满足用户使用量的电/光缆至区域布线箱，进行管理交接后，引至工作区。

4．办公室电/光缆走线

在大开间办公室中有地面密集信息出口的情况下，可先在地面垫层中预埋金属线槽或线槽地板。如果是一楼，建议开地槽布线；二楼以上建议在隔板上敷设金属线槽。主干线槽从弱电竖井引出，沿走廊靠墙缘引向设有信息点的办公室，再用支架槽引向房间内的信息点出线口。强电线路可以与弱电线路平等配置，分隔于不同线槽中。

5．配线设备与网络设备

为便于管理，大开间办公室须设置配线管理设备。根据办公室面积，可选择中间配线箱、配线柜两种方式。信息点较少的办公室，可以选择中间配线箱墙面暗装或明装，或选择卡接式配线架，以求支持各类基本数据/语音信息传输。

信息点较多时，可选择 6～12U 配线柜置于墙角，配线柜内布置数据/语音交换机来扩展端口，用 6 类或超 5 类 RJ45 配线架，以及 110 打线式配线架，必要时采用电子配线架，如图 4-3 所示；有条件时，可选择智能光纤配线箱与光交换机。

图 4-3 电子配线架的连接

技能练习7 制作 RJ45 直通或交叉跳线

进程一：明确直通和交叉跳线的定义与用途
进程二：准备材料和工具
进程三：制作并测试
进程四：撰写报告

项目三 终端设备无线接入

充分利用现有有线网络终端进行无线网络连接，小区域分享网络通信资源，是综合布线很好的选择。

一、网络结构

终端设备无线接入，须利用宽带网络终端、无线网卡及 AP（Access Point，访问接入点）设备。AP 主要在媒体存取控制层中扮演无线工作站与有线局域网络的桥梁。有了 AP，无线工作站就可以快速且轻易地与网络相连接。有线宽带网络（ADSL、小区 LAN 等）到户后，连接到一个 AP，然后在电脑中安装一块无线网卡即可。通常一个 AP 就足以覆盖一个大开间办公室。无线接入网络结构如图 4-4 所示。

图 4-4　无线接入网络结构

二、WiFi（Wireless Fidelity）标识与应用

1. WiFi 标识

WiFi 标识用于表明终端设备是否在无线信号覆盖区域内，如图 4-5 所示。

图 4-5　WiFi 标识

2. WiFi 应用

（1）WiFi 在智能家居中的应用如图 4-6 所示。

（2）工厂通信网络应用实例如图 4-7 所示。

智能分机

无线电器控制装置

无线报警装置

有线报警装置

监控设备

背景音乐

门禁对讲系统

一层大厅　二层大厅　三层主卧

—— 超5类网线
—— DC12V
▪▪▪▪ RVV4×1.0　RVV4×0.5
—— SYV-75-3视频线
—— 金银线

单联无线开关　双联无线开关　三联无线开关　无线插座

灯光　电动窗帘　空调

红外探测器　烟雾探测器　火警探测器　燃气探测器

红外对射　红外对射　门磁　紧急按钮

无线收发器

枪式摄像机　半球摄像机　云台摄像机

背景音乐主机

智能家居服务器

室内家庭音响　室外景观音响

Router

PSTN

Internet

门口对讲机　指纹门禁　指纹门禁　电控锁

移动电话控制　固定电话控制　网络控制

图 4-6　WiFi 在智能家居中的应用

图 4-7   工厂通信网络应用实例

🔍 技能练习 8   设置无线路由器

大开间办公室可直接采用无线路由器来实现集中连接和共享上网，因为无线路由器兼具无线 AP 的集结和连接功能。这里以 TP-LINK 的一款无线路由器（TL-WR840N）为例，介绍无线路由器的设置方法。

进程一：连接 Modem

（1）将宽带信息电缆、电源线分别插入 Modem 对应的接口，无线路由器各端口如图 4-8 所示。

图 4-8   无线路由器各端口

（2）连接路由器和电脑。

将一根网线的两端分别插入路由器和 Modem 中；另一根网线的一端连接路由器的 LAN 端口，另一端连接电脑的网线接口，如图 4-9 所示。

进程二：设置本地网络

（1）打开电脑，在"我的电脑"上单击右键，选择"属性"。

（2）在"本地连接"上单击右键。

（3）选中"Internet 协议（TCP/IP）"，然后单击下面的"属性"。

图 4-9　路由器连线图

（4）选中"自动获得 IP 地址"和"自动获得 DNS 服务器地址"，单击"确定"。

（5）打开 IE 浏览器，输入"192.168.0.1"，回车后进入图 4-10 所示的界面，输入用户名与密码，这里均为"admin"。

图 4-10　设置用户名和密码

（6）打开设置向导，如图 4-11 所示。

图 4-11　设置向导

（7）一直单击"下一步"，直到进入图 4-12 所示的界面。在这里根据实际情况选择相应的选项。如果是 ADSL 拨号上网，则选择"PPPoE"。如果是小区宽带，则选择"动态 IP"。

图 4-12 设置上网选项

（8）如果上一步选择的是"PPPoE"，则在图 4-13 所示的界面中设置上网账号和口令，然后单击"下一步"。

图 4-13 设置上网账号与口令

（9）设置无线网络，如图 4-14 所示。无线状态选择"开启"，然后输入无线网络访问密码，单击"下一步"。系统会提示重启，单击"重启"，即可重启无线路由器。

图 4-14 设置无线网络

（10）路由器设置好之后，打开带无线网络功能的电脑，找到自己设置的无线网络并双击连接，输入密码即可上网，如图 4-15 所示。

图 4-15　选择无线网络

配线子系统布线技术

> **学习目的：**
> 　　了解配线子系统设计技术要求，掌握配线设计步骤，会设计配线方案

 配线子系统设计

　　配线子系统是综合布线系统中工程量最大、范围最广、最难施工的一个子系统。配线子系统设计，以其连接工作区信息点数量为依据，从电信间开始考虑传输线缆类别、长度和设备配置及管槽路由。电信间、配线线缆、信息点之间既相对独立又密切相关，在设计中必须统一规划。

一、电信间设计标准（GB 50311—2016）

（1）电信间数量应按所服务楼层面积及工作区信息点密度与数量确定。

（2）同楼层信息点数量不大于 400 个时，宜设置一个电信间；当楼层信息点数量大于

400 个时，宜设置两个及以上电信间。

（3）楼层信息点数量较少，且水平缆线长度不大于 90m 时，可多个楼层合设一个电信间。

（4）当有信息安全等特殊要求时，应将所有涉密的信息通信网络设备和布线系统设备等进行空间物理隔离或独立安放在专用的电信间内，并应设置独立的涉密机柜及布线管槽。

（5）电信间内，信息通信网络系统设备及布线系统设备宜与弱电系统布线设备分设在不同的机柜内。当各设备容量配置较少时，亦可在同一机柜内做空间物理隔离后安装。

（6）各楼层电信间、竖向缆线管槽及对应的竖井宜上下对齐。

（7）电信间内不应设置与安装的设备无关的水管、风管及低压配电缆线管槽与竖井。

（8）根据工程中配线设备与以太网交换机设备的数量、机柜的尺寸及布置，电信间的使用面积不应小于 5m^2。当电信间内须设置其他通信设施和弱电系统设备箱柜或弱电竖井时，应增加使用面积。

（9）电信间室内温度应保持在 10～35℃，相对湿度应保持在 20%～80%。当房间内安装有源设备时，应采取满足信息通信设备可靠运行要求的对应措施。

（10）电信间应采用外开防火门，房门的防火等级应按建筑物等级类别设定。房门的高度不应小于 2.0m，净宽不应小于 0.9m。

（11）电信间内梁下净高不应小于 2.5m。

（12）电信间的水泥地面应高出本层地面不小于 100mm 或设置防水门槛。室内地面应采取防潮、防尘、防静电等措施。

（13）电信间应设置不少于两个单相交流 220V/10A 电源插座盒，每个电源插座的配电线路均应装设保护器。设备供电电源应另行配置。

二、配线技术要求

从楼层电信间 FD 布放到工作区 TO 的配线电缆，易受到外界电磁干扰（EMI），同时其电信号（电磁变化）也会对外界电子设备造成干扰。特别是布线通道内同时安装电信电缆和电源电缆时，电缆敷设要符合相关技术要求。

1. 屏蔽布线

屏蔽布线系统的选用原则如下。

（1）当综合布线区域内存在的电磁干扰场强高于 3V/m 时，宜采用屏蔽布线系统。

（2）用户对电磁兼容性有电磁干扰和防信息泄露等较高的要求时，或有网络安全保密的需要时，宜采用屏蔽布线系统。

（3）安装现场条件无法满足对绞电缆的间距要求时，宜采用屏蔽布线系统。

（4）当布线环境温度影响到非屏蔽布线系统的传输距离时，宜采用屏蔽布线系统。

屏蔽布线系统应选用相互适应的屏蔽电缆和连接器件，采用的电缆、连接器件、跳线、设备电缆都应是屏蔽的，并应保持信道屏蔽层的连续性与导通性。

传输信息的电缆既是 EMI 发生器，也是 EMI 接收器。作为发生器，它是辐射电磁信号的噪声源，灵敏的收音机和电视机、计算机、通信系统和数据系统，会通过它们的天线、互连线接收这种电磁噪声。同时电缆本身也能敏感地接收邻近电磁场源所发射的电磁噪声。为了较好地抑制电缆中的 EMI 噪声，必须考虑以下几点。

（1）减少感应的电压和信号辐射。

（2）确保在规定范围内的线路不受外界产生的 EMI 的影响。

（3）屏蔽通信与电源电缆并线时无须分隔，非屏蔽通信电缆与电源电缆之间必须保证分隔，间隔距离不小于 10cm。

（4）每一楼层的电缆从 FD 到工作区 TO，须隐藏在天花板、线槽或地板内。如果暴露在外，要保证电缆排列整齐，使电缆在屋角内、天花板内和护壁接合处走线。

2．光缆及设备配置

（1）光纤选择。

用户接入点至楼层光缆配线箱（分线箱）之间的室内用户光缆采用 G.652 光纤。

楼层光缆配线箱（分线箱）至用户单元信息配线箱之间的室内用户光缆采用 G.657 光纤。

（2）室内外光缆选择。

室内光缆宜采用干式、非延燃外护层结构的光缆。

室外管道至室内的光缆宜采用干式、防潮层、非延燃外护层结构的光缆。

（3）光纤连接器件宜采用 SC 和 LC 型。

（4）用户接入点应采用机柜或共用光缆配线箱，配置应符合下列规定。

机柜宜采用 600mm 或 800mm 宽的 19 英寸标准机柜。

共用光缆配线箱箱体应满足不少于 144 芯光纤的终接。

（5）用户单元信息配线箱配置。

配线箱应根据用户单元区域内的信息点数量、引入缆线类型、缆线数量、业务功能需求选用。

配线箱箱体尺寸应充分满足各种信息通信设备摆放、配线模块安装、光缆终接与盘留、跳线连接、电源设备和接地端子板安装及业务应用发展的需要。

配线箱的选用和安装位置应满足室内用户无线信号覆盖的需求。

当超过 50V 的交流电压接入箱体内电源插座时，应采取强弱电安全隔离措施。

配线箱内应设置接地端子板，并应与楼层局部等电位端子板连接。

3．设备与配线电缆连接方式

电话交换系统中缆线与配线设备间的连接方式如图 4-16 所示。

图 4-16　电话交换系统中缆线与配线设备间的连接方式

数据传输网络设备经跳线连接方式如图 4-17 所示。

图 4-17　数据传输网络设备经跳线连接方式

数据系统互连方式如图 4-18 所示。

图 4-18　数据系统互连方式（经设备缆线连接）

三、配线子系统缆线与设备配置

配线子系统的配线和连接件设备配置主要是楼层电信间选用 FD 的容量时，根据该楼层目前用户信息点的需要和今后可能发展的数量来决定。此外，还应考虑为设备预留适当空间，以便今后扩建时安装连接部件。

以信息点（I/O）数量及位置为参照，同时考虑终端设备将来可能产生的移动、修改、重新安排以及一次性建设和分期建设的可能性。通信引出端的配置与综合布线系统的类型等级、传输速率和采用的线缆有关，布线系统等级与类别见表 4-6。

表 4-6　布线系统等级与类别

业务种类		配线子系统		干线子系统		建筑群子系统	
		等级	类别	等级	类别	等级	类别
语音		D/E	5/6（4 对）	C/D	3/5（大对数）	C	3（室外大对数）
数据	电缆	D、E、E_A、F、F_A	5、6、6_A、7、7_A（4 对）	E、E_A、F、F_A	6、6_A、7、7A（4 对）	—	—
	光纤	OF-300 OF-500 OF-2000	OM1、OM2、OM3、OM4 多模光缆；OS1、OS2 单模光缆及相应等级连接器件	OF-300 OF-500 OF-2000	OM1、OM2、OM3、OM4 多模光缆；OS1、OS2 单模光缆及相应等级连接器件	OF-300 OF-500 OF-2000	OS1、OS2 单模光缆及相应等级连接器件
其他应用		可采用 5/6/6_A 类 4 对对绞电缆和 OM1/OM2/OM3/OM4 多模、OS1/OS2 单模光缆及相应等级连接器件					

目前，依据 GB 50311—2016，从电信间至每个工作区的水平光缆按 2 芯缆配置；至用户群或大客户使用的工作区域时，水平光缆按 4 芯或 2 根 2 芯光缆配置。在配线子系统中，配线容量按信息点数量确定，至少要考虑 25‰的备用量。

1．配线模块选择

（1）多线对端子配线模块可以选用 4 对或 5 对卡接模块，每个卡接模块对应卡接 1 根 4 对对绞电缆。

（2）25 对端子配线模块可卡接 1 根 25 对大对数电缆或 6 根 4 对对绞电缆。

（3）回线式配线模块（8 回线或 10 回线）可卡接 2 根 4 对对绞电缆或 8/10 回线。

（4）RJ45 配线模块（由 24 或 48 个 8 位模块通用插座组成）每个 RJ45 插座应可卡接 1 根 4 对对绞电缆。

（5）光纤连接器件每个单工端口应支持 1 芯光纤的连接，双工端口则应支持 2 芯光纤的连接。

2．配线设备跳线配置

（1）语音传输跳线宜按每根 1 对或 2 对对绞电缆容量配置，跳线两端连接插头采用 RJ11/RJ45 型。

（2）数据跳线按每根 4 对对绞电缆配置，跳线两端连接插头采用 RJ45 型。

（3）光纤跳线按每根 1 芯或 2 芯光纤配置，光跳线连接器件用 ST、SC 或 LC 型。

四、配线子系统缆线长度

配线子系统的网络拓扑结构为星形结构，即以楼层电信间配线架（FD）为主节点，各个通信引出端（TO）为分节点，二者之间采取独立的线路相互连接，形成以 FD 为中心向外辐射的星形线路网。

根据 GB 50311—2016，配线子系统中各部分长度限制如下。

1．对绞电缆信道（图 4-19）。

图 4-19　对绞电缆信道

（1）配线子系统对绞电缆信道的最大长度不应大于 100m，即 90m 配线电缆（永久链路）与两根 5m 跳线的长度；而且整个信道由 4 个连接器件连接，90m 永久链路线缆由 3 个连接器件连接。

（2）工作区设备缆线、FD 配线设备的跳线和设备缆线长度之和不应大于 10m，当大于 10m 时，90m 配线电缆长度应适当减少。

（3）楼层配线设备（FD）跳线、设备缆线及工作区设备缆线各自的长度不应大于 5m。当配线布线中拥有一个集合点（CP）时，CP 与楼层配线设备（FD）的距离应不小于 15m，且集合点至信息插座的最小长度应不小于 5m。

（4）配线子系统信道长度计算方法见表 4-7。

表 4-7　配线子系统信道长度计算方法

连接模型	等级		
	D	E 或 E_A	F 或 F_A
FD 互连—TO	$H=109-FX$	$H=107-3-FX$	$H=107-2-FX$
FD 交叉—TO	$H=107-FX$	$H=105-3-FX$	$H=106-3-FX$
FD 互连—CP—TO	$H=107-FX-CY$	$H=105-3-FX-CY$	$H=106-3-FX-CY$
FD 交叉—CP—TO	$H=105-FX-CY$	$H=105-3-FX-CY$	$H=105-3-FX-CY$

对表 4-7 做以下说明。

① 计算公式中，H 为水平缆线的最大长度（m）；F 为楼层配线设备（FD）缆线和跳线及工作区设备缆线总长度（m）；C 为集合点（CP）缆线的长度（m）；X 为设备缆线和跳线的插入损耗（dB/m）与水平缆线的插入损耗（dB/m）之比；Y 为集合点（CP）缆线的插入损耗（dB/m）与水平缆线的插入损耗（dB/m）之比；2 和 3 为余量，以适应插入损耗值的偏离。

② 水平电缆的应用长度会受到工作环境温度的影响。当工作环境温度超过 20℃时，屏蔽电缆长度按每摄氏度减少 0.2%计算，对非屏蔽电缆长度则按每摄氏度减少 0.4%（20～40℃）和每摄氏度减少 0.6%（40℃～60℃）计算。

2．光纤信道（图 4-20）。

图 4-20　光纤信道

（1）光纤信道分为 OF-300、OF-500 和 OF-2000 三个等级，各等级光纤信道支持的应用长度不应小于 300m、500m 及 2000m。

（2）水平光缆和主干光缆可在电信间的光配线设备（FD）处经光纤跳线连接构成信道，也可在楼层电信间处经接续（熔接或机械连接）互通构成光纤信道。另外，电信间还可只作为主干光缆或水平光缆的路径场所。

五、配线子系统缆线用量估算

估算配线子系统的缆线用量时，必须考虑缆线的布线方法和走向，确认楼层电信间 FD 到信息插座 I/O 的所有连接中最远与最近距离，并预留端接容差。

对绞电缆用量的估算公式为

$$C=[0.55\times(L+S)+6]\times n$$

式中，L 为本楼层离 FD 最远的信息点距离；S 为本楼层离 FD 最近的信息点距离；n 为本楼层的信息点总数；0.55 为备用系数；6 为端接容差。

市面上常见的是 305m 的包装形式，即每箱对绞电缆的长度为 305m。在订购对绞电缆时，一般以箱为单位订购，305m 为一个整段，在配线布线时要求保证缆线的连续性，所以要考虑整段的分割问题。

配线子系统缆线布放

通常应根据建筑物的用途和建筑结构来设计缆线布放形式，要求做到布线规范、便于施工、工程造价低、隐蔽、美观和扩展方便等。在实际设计中，往往会存在一些矛盾，考虑了布线规范又影响了建筑物的美观，考虑了缆线长度又增加了布线施工难度。对于结构复杂的建筑物一般要设计多套布线方案，通过对比分析，选取一个最佳方案。

一、在天花板吊顶内敷设缆线

在天花板吊顶内敷设缆线的方法有分区布线法、内部布线法和电缆槽道布线法三种。

1．分区布线法

将天花板内的空间分成若干个小区，敷设大容量电缆。从转接点利用管道穿放或直接敷设到每个分区中心，由分区中心分出线缆经过墙壁或立柱引向通信引出端。也可在中心设置适配器，将大容量电缆分成若干根小电缆再引到通信引出端。

2．内部布线法

内部布线法是指从楼层电信间 FD 将电缆经天花板直接敷设到信息插座的方式，如图 4-21 所示。

图 4-21　天花板内部布线法

3．电缆槽道布线法

电缆槽道布线法是利用敞开式槽道吊挂在天花板内进行布线的方式。这是用得最多的天花板吊顶内敷设缆线的方式。可选用金属线槽，也可选用阻燃、高强度的 PVC 槽。

这三种方法都要求有一定的操作空间，以便于施工和维护。天花板（或吊顶）上的适当位置应设置检查口，以便日后维护与检修。

二、在地板下敷设缆线

这种布线方法在智能建筑中应用比较广泛，尤其是新建和扩建的房屋建筑。

1. 地板下预埋管路布线法

这是强弱电缆线统一布置的敷设方法，采用金属导管和金属线槽。

2. 地面线槽布线法

这种方式是在地板表面预设线槽（在地板垫层中），同时埋设地面通信引出端，因此地面垫层较厚，一般为 7cm 以上。线槽有 50mm×25mm 和 70mm×25mm（厚×宽）两种规格。为了布线方便，还设有分线盒或过线盒，以便连接，如图 4-22 所示。

缆线
垂直过线箱
地毯（或地砖）
线槽式系列过线箱
线槽式系列出线箱
模块安装板
线槽
混凝土垫层
毛坯面

图 4-22　地面线槽布线法

3. 蜂窝状地板布线法

这种方式的地板结构较复杂，一般采用钢铁或混凝土制成构件，其中导管和布线槽均事先设计，一般用于电力、通信两个系统交替使用的场合。

4. 高架地板布线法

高架地板为活动地板，由许多方块面板组成，放置在钢制支架上，每块面板均能活动，便于安装和检修缆线，如图 4-23 所示。

5. 地板下管道布线法

这种方式以接线间为起始点，向用户终端设备的位置用金属管进行辐射式敷设。如有足够数量的通信引出端，则能满足较多用户终端设备的需要。

图 4-23　高架地板布线法

三、走廊槽式桥架

对于既没有天花板吊顶又没有预埋管槽的已建建筑物，配线子系统布线通常采用走廊槽式桥架和墙面线槽相结合的方式。当布放的缆线较多时，走廊使用槽式桥架，进入房间后采用墙面线槽。

走廊槽式桥架是指将线槽用吊杆或托臂架设在走廊的上方，如图 4-24 所示。一般采用镀锌和镀彩两种金属线槽，镀彩线槽抗氧化性能好，镀锌材料相对便宜，常见的规格有 50mm×25mm、100mm×50mm、200mm×100mm 等，厚度有 0.8mm、1mm、1.2mm、1.5mm、2mm 等。槽径越大，要求厚度越大。50mm×25mm 的厚度一般要求为 0.8～1mm，100mm×50mm 的厚度一般要求为 1.2～1.5mm，200mm×100mm 的厚度一般要求为 1.2～1.5mm。也可根据缆线数量，向厂家定做特型线槽。

图 4-24　走廊槽式桥架

四、墙面线槽

墙面线槽适用于既没天花板吊顶又没有预埋管槽的已建建筑物的水平布线，如图 4-25 所示。墙面线槽的规格有 20mm×10mm、40mm×20mm、60mm×30mm、100mm×30mm 等，可根据缆线的数量选择合适的线槽。这种方式主要用于房间内布线，当楼层信息点较少时也用于走廊布线。

离地面30cm

图 4-25　墙面线槽

护壁板管道布线方式是墙面布线方式的一种，如图 4-26 所示。它采用沿建筑物护壁板敷设的金属管道，通常用于墙上装有较多信息插座的楼层区域。电缆管道前面的盖板是活动的，可以移走。信息插座可装在沿管道的任何位置上。

图 4-26　护壁板管道布线方式

除上述几种布线方式外，有时还采用地板导管布线方式、模制管道布线方式，如图 4-27 和图 4-28 所示。

图 4-27　地板导管布线方式	图 4-28　模制管道布线方式

技能练习9　估算学校教学楼配线子系统缆线用量并进行缆线与设备配置设计

进程一：估算缆线用量

依据学校教学楼综合布线工作区及信息点记录表，估算整栋大楼配线子系统缆线用量。

（1）现场测量楼层 FD 到信息点最远距离 L 与最近距离 S。

（2）根据估算公式计算结果。

进程二：完成缆线与设备配置设计

教学楼二楼要求设置 200 个信息点，且语音与数据各占 50%，请完成该层 100 个语音点和 100 个数据点设备与缆线配置设计。

缆线配置：

（1）FD 配线（水平）侧按 100 根 2 对连接电缆配置。

（2）FD 语音主干缆线按 110（大对数电缆）（10%备份线对）。

（3）FD 配线（水平）侧按 100 根 4 对连接电缆配置。

（4）FD 数据主干缆线（最小量配置）按 4 根 4 对对绞电缆或 1 根 8 芯光缆配置。

设备配置：语音与数据均配置 5 个 24 端口 Hub/SW。

（1）写出上述配置推算过程。

（2）推算语音与数据模块数量。

（3）估算语音与数据缆线用量。

技能练习10　熟悉配线子系统管槽路由

进程一：实地调研教学楼配线子系统管槽路由

进程二：请填写表 4-8

表 4-8　教学楼配线子系统管槽路由选择

层数	管规格型号	槽规格型号	路由选择	管槽路由走线选择理由
1层				
2层				
3层				
4层				
5层				
6层				
7层				

干线子系统布线技术

学习目的：

了解干线子系统设计技术要求，掌握设计步骤，会确定设计方案

建筑物内部连接楼层电信间配线架（FD）与设备间主配线架（BD）的信息传输电缆，组成了干线子系统。干线子系统提供建筑物内信息传输的主要路由，是建筑物综合布线的主动脉、内外通信的中枢。干线子系统的设计，既要满足用户当前业务需要，还要适应用户将来发展需求。

 干线子系统设计

干线子系统路由位置的选择，应力求干线电缆最短、路由最安全，同时要便于施工，符合网络结构需要，满足用户信息点和配线缆线分布的需要。通常其路由选在所连接区域的中间，使楼层管路和配线子系统布线的平均长度适中，有利于保证信息传输质量和减少管线设施的费用。

一、干线子系统缆线选择

设计大楼干线子系统，应明确语音网与数据网的共享关系及能支持应用的最高速率，确定缆线的传输速率和种类。

在干线子系统中，数据网宜采用多模或单模光缆，每个主交换间中数据网主干光缆芯数一般不应少于 6 芯。

采用对绞电缆时，根据应用环境可选用非屏蔽对绞电缆或屏蔽对绞电缆。全程传输距离在 100m 之内宜采用 5 类或 6 类对绞线，阻抗宜选用 100Ω 对绞线。

根据各层信息点数量及楼宇（用户）类别，综合确定楼内主干缆线芯/对数，语音按需求线对总数的 10‰预留备用，数据按 4 个 Hub（或 SW）设置一个备份端口配主干电/光缆。

GB 50311—2016 中的有关规定如下。

（1）干线子系统所需要的对绞电缆根数、大对数电缆总对数及光缆光纤总芯数，应满足工程的实际需求与缆线的规格，并应留有备份容量。

（2）干线子系统主干缆线宜设置电缆或光缆备份及电缆与光缆互为备份的路由。

（3）当电话交换机和计算机设备设置在建筑物内不同的设备间时，宜采用不同的主干缆线来分别满足语音和数据的需要。

（4）在建筑物若干设备间之间，设备间与进线间及同一层或各层电信间之间宜设置干线路由。

（5）主干电缆和光缆所需的容量要求及配置应符合下列规定。

① 对语音业务，大对数主干电缆的对数应按每个电话 8 位模块通用插座配置 1 对线，并应在总需求线对的基础上预留不小于 10%的备用线对。

② 对数据业务，应按每台以太网交换机设置 1 个主干端口和 1 个备份端口配置。当主干端口为电接口时，应按 4 对线对容量配置；当主干端口为光端口时，应按 1 芯或 2 芯光纤容量配置。

③ 当工作区至电信间的水平光缆须延伸至设备间的光配线设备（BD/CD）时，主干光缆的容量应包括所延伸的水平光缆光纤的容量。

④ 建筑物配线设备处各类设备缆线和跳线的配置应符合 GB 50311—2016 第 5.2.10 条的规定。

（6）设备间配线设备（BD）所需的容量要求及配置应符合下列规定。

① 主干缆线侧的配线设备容量应与主干缆线的容量相一致。

② 设备侧的配线设备容量应与设备应用的光、电主干端口容量相一致，或与干线侧配线设备容量相同。

③ 外线侧的配线设备容量应满足引入缆线的容量需求。

（7）干线子系统信道应包括主干缆线、跳线和设备缆线，如图 4-29 所示。

图 4-29　干线子系统信道组成

干线电缆或光缆布线的交接不应多于两次。从电信间配线架（FD）到建筑群配线架（CD）间只应通过一个建筑物设备间配线架（BD）。当综合布线只用一级干线进行配线时，放置干线配线架的二级交接间可并入楼层电信间（FD）中。

干线子系统的缆线并不一定是垂直布置的。在某些特定环境中，如低矮而又宽阔的单层平面大型厂房中，干线子系统的缆线就是平面布置的，同样起着连接各 FD 的作用。

二、缆线长度

建筑群配线架（CD）到楼层配线架（FD）间的缆线不应超过 2000m，连接建筑物配线架（BD）与楼层配线架（FD）的缆线不应超过 500m。

设备间的主配线架（BD）设在建筑物的中部附近，仍然超出上述缆线长度限制时，则要重新进行缆线选择，使每个区域满足相应的传输距离要求。

（1）采用单模光缆，建筑群配线架（CD）到楼层配线架（FD）的最大距离可以延伸到 3000m。

（2）采用 5 类对绞电缆时，传输速率超过 100Mbps 的高速应用系统，布线长度不宜超过 90m，否则应选用单模或多模光缆。

（3）在建筑群配线架（CD）和建筑物配线架（BD）上，接插软线和跳线长度不宜超过 20m，超过 20m 的长度应从允许的主干缆线最大长度中相应减去。

例如，62.5/125μm 多模光纤的信息传输速率为 100Mbps 时，传输距离为 2km。这种光纤通道传输千兆位以太网（1000Base—SX）信息，采用 8B/10B 编码技术，并使用损耗最小的短波长（850nm）光端机，传输距离缩短为 275m。8.3/125μm 单模光纤通道传输千兆位以太网（1000Base—LX）信息，使用长波长（1310nm）光端机，传输距离仅为 3km。

工业环境下，中间配线设备（ID）处对绞线缆跳线与设备缆线的长度见表 4-9。

表 4-9　对绞电缆设备缆线与跳线长度

连接模型	最小长度（m）	最大长度（m）
ID—TO	15	90
工作区设备缆线	1	5
配线区跳线	2	—
配线区设备缆线	2	5
跳线、设备缆线总长度	—	10

电信设备（如用户交换机）直接连接到建筑群配线架或建筑物配线架的设备电缆、设备光缆，长度不宜超过 30m。如果使用的设备电缆、设备光缆超过 30m，则干线电缆和干线光缆的长度应相应减少。

延伸业务（如通过天线接收）可以从远离配线架的地方，进入建筑群或建筑物。这些延伸业务引入点到连接这些业务的配线架间的距离，应包括在干线布线的距离之内。如果有延伸业务接口，则与延伸业务接口位置有关的特殊要求也会影响这个距离。应记录所用缆线的型号和长度，必要时还应提交延伸业务提供者。

三、干线子系统设计过程

1．设计步骤
（1）确定每层楼的干线要求。
（2）总结整座楼的干线要求。
（3）确定从楼层 FD 到设备间 BD 的干线电缆路由。
（4）确定干线接线方式。
（5）估算干线电缆的用量。
（6）确定敷设时附加横向电缆的支撑结构。

2．缆线敷设方式
干线子系统宜选择在大楼内有竖井或电缆孔的封闭型通道里布放。封闭型通道是指一连串上下对齐的楼层配线间，穿过楼层配线间的地板层敷设主干缆线。建筑物通风道或电梯通道，不能用于敷设主干缆线。

（1）电缆孔敷设方式。

干线通道中所用的电缆孔是很小的管道，通常用直径为10cm的金属管做成，如图4-30所示。它们嵌在混凝土地板中，这是在浇注混凝土地板时嵌入的，比地板表面高出 2.5～10cm。电缆往往绑在钢绳上，而钢绳又固定到墙上已铆好的金属条上。当各楼层电信间FD上下都对齐时，一般采用电缆孔敷设方式。

图4-30　电缆孔敷设方式

（2）电缆井敷设方式。

电缆井敷设方式常用于干线通道。在每层楼板上开出一些方孔，使电缆可以穿过这些方孔并伸到相邻的楼层，如图4-31所示。电缆井的大小依所用电缆的数量、规格而定。与电缆孔敷设方式一样，电缆也是绑在地板三角架上或箍在支撑用的钢绳上，钢绳用墙上的金属条或地板三角架固定住。也可以在离电缆井很近的墙上设置立式金属架，这样可以支撑很多电缆。电缆井使用起来非常灵活，可以让粗细不同的各种电缆以任何组合方式通过。

图4-31　电缆井敷设方式

技能练习 11　熟悉干线子系统路由

进程一：实地调研教学楼干线子系统电缆（孔或井）路由

进程二：填写表4-10

表 4-10　教学楼干线子系统路由选择

层数	管孔规格型号	井规格型号	路由选择	路由走线选择理由
1 层				
2 层				
3 层				
4 层				
5 层				
6 层				
7 层				

 项目二　干线子系统连接方式

干线子系统连接（包括干线交接间与二级交接间的连接）方式主要有点对点端接、分支连接和混合式连接三种。这三种连接方式根据网络拓扑结构和设备配置情况可单独采用，也可混合使用。

一、点对点端接

点对点端接是最简单、最直接的缆线连接方法，每根干线电缆直接延伸到楼层配线架，如图 4-32 所示。

图 4-32　点对点端接

此种连接方式只用一根电缆独立供应一个楼层，其对绞线对数或光纤芯数应能满足该楼层的全部用户信息点的需要。主要优点是主干线路由上采用容量小、重量轻的电缆独立引线，没有配线的接续设备介入，发生故障容易判断和测试，有利于维护和管理。缺点是电缆条数多，工程造价用所增加，占用较大的干线通道空间。另外，因各个楼层电缆容量不同，安装固定的方法和器材不统一，影响美观。

二、分支连接

分支连接是采用一根通信容量较大的电缆，再通过接续设备分成若干根容量较小的电缆，分别连到各个楼层，如图 4-33 所示。

分支连接方式的主要优点是干线通道中的电缆条数较少，节省通道空间，工程费用有时比点对点端接方式少。缺点是电缆容量过于集中，若电缆发生故障，则波及范围较大。由于电缆分支经过接续设备，因而在判断检测和分隔检修时会增加困难和维护费用。

这种连接方式可分为两种情况，即单楼层连接与多楼层连接。

1．单楼层连接

当干线接线间只用作通往各远程通信（卫星）接线间的电缆的过往点时，就采用单楼层连接方法。也就是说，干线接线间里没有提供端接 I/O 用的连接硬件。一根电缆通过干线通道而到达某个指定楼层，其容量足以支持该楼层所有接线间的通信需要。安装人员用一个适当大小的绞接盒，把这根主电缆与粗细合适的若干根小电缆连接起来，并把这些小电缆分别连到各个卫星接线间。

2．多楼层连接

该方法通常用于支持 5 个楼层的通信需要（每 5 层为一组）。一根主电缆向上延伸到中点（第三层），安装人员在该楼层的干线接线间里装上一个接合盒，然后用它把主电缆与粗细合适的各根小电缆分别连接在一起，再把各电缆分别连接到上两层和下两层。

图 4-33 分支连接方式

三、混合式连接

混合式连接是一种在特殊情况下采用的连接方式（一般有二级交接间），通常将端接与连接电缆混合使用，在卫星接线间里完成端接，同时在干线接线间中实现另一套完整的端接，如图 4-34 所示。在干线接线间里可以安装所需的全部 110 型交接硬件，建立一个白场—灰场接口，并用合适的电缆横向连往该楼层 FD。

图 4-34　混合式连接方式

上述连接方法中具体采用哪一种，应根据网络拓扑结构、设备配置情况、电缆成本及工程成本来全面考虑。通常为了保证网络通信安全可靠，首选点对点端接方式。若工程需要或成本合理，也可选择分支或混合式连接方式。

四、干线子系统连接注意事项

（1）连接设备间 BD 与楼层 FD 的语音/数据电缆，应预设足够的备用量。

（2）如果建筑物只有一层，无须采用垂直的干线通道，设备间 BD 内的端接点用作计算距离的起点，可按配线电缆估算出电缆用量。

（3）如果在上述路由中存在某些较大的弯道，应记录弯道的性质与位置。

五、干线子系统缆线用量估算

1. 确定干线子系统规模

干线子系统通道，就是电信间中垂直对准的电缆孔或电缆井。在给定楼层中所要服务的所有终端设备都在距楼层配线架 75m 的范围之内，一般采用单干线接线系统。若不符合这一要求，则要进行双通道干线子系统设计，采用分支电缆与楼层电信间 FD 相连接的二级交接间。

2. 确定每层楼的干线

在确定每层楼的主干缆线类别和数量时，应当依据楼层 FD 数量和选定的连接方式。

在确定干线子系统所需要的缆线总对数之前，必须坚持缆线中信息（信号）共享原则。

3. 估算主干缆线用量

每层主干缆线长度=[距 BD 的楼层层高+2×电缆井至 BD 的距离+端接容限（光缆 10m、对绞电缆 6m）]×每层主干缆线根数

整个建筑物大楼主干缆线总用量应等于各楼层垂直缆线长度之和。

设备间与进线间布线技术

学习目的：

了解设备间与进线间设计技术要求，掌握设计步骤，会确定设计方案，会进行机柜及设备选型和布置

项目一 设备间设计

设备间内集中安装大型通信设备、主配线架和进出线设备，是综合布线系统管理维护的主要场所，通常位于建筑物大楼的中间部位。

设备间子系统由电缆、连接器和相关支撑硬件组成。设备间的主要设备有网络信息交换机、计算机、配线设备、电源和不间断电源（UPS）等。

一、设备间设计标准（GB 50311—2016）

（1）设备间宜处于干线子系统的中间位置，并应考虑主干缆线的传输距离、敷设路由与数量。

（2）设备间宜靠近建筑物布放主干缆线的竖井位置。

（3）设备间宜设置在建筑物的首层或楼上层。当地下室为多层时，也可设置在地下一层。

（4）设备间应远离供电变压器、发动机和发电机、X 射线设备、无线射频或雷达发射机等设备以及有电磁干扰源存在的场所。

（5）设备间应远离粉尘、油烟、有害气体，以及存有腐蚀性、易燃、易爆物品的场所。

（6）设备间不应设置在厕所、浴室或其他潮湿、易积水区域的正下方或毗邻场所。

（7）设备间室内温度应保持在 10～35℃，相对湿度应保持在 20%～80%，并应有良好的通风。当室内安装有源的信息通信网络设备时，应采取满足设备可靠运行要求的对应措施。

（8）设备间内梁下净高不应小于 2.5m。

（9）设备间应采用外开双扇防火门，房门净高不应小于 2.0m，净宽不应小于 1.5m。

（10）设备间的水泥地面应高出本层地面不小于 100mm 或设置防水门槛。

（11）室内地面应采取防潮措施。

二、设备间位置的选择

设备间是外界引入（包括公用通信网或建筑群间主干布线）和楼内布线的交汇点，所以其位置极为重要。选择设备间位置时应考虑以下几个因素。

（1）尽量位于干线子系统的中间位置，以使干线路由最短。

（2）尽可能靠近建筑物电缆引入区和网络接口。

（3）尽量靠近电梯，以便搬运大型设备。

（4）尽量远离高强振动源、强噪声源、强电磁场干扰源和易燃易爆源。

（5）尽可能选择环境安全、干燥通风、清洁明亮、便于维护和管理、地板承重能力不低于 500kg/m^2 的位置。

（6）尽可能按照接地标准选择便于接地且切实有效的接地位置。

三、设备间空间要求

设备间的主要设备有语音/数据交换机、计算机、配线架等，它是管理和维护人员工作的场所，设备间空间设计在遵循国标要求的同时，还应当考虑设备间的面积。

设备间面积应根据建筑物的规模、安装设备的数量、规格和网络结构要求及今后发展需要等因素综合考虑。当设备间和主交接间合二为一时，总面积应不小于二者分立时的面积之和。设备间最小使用面积应不小于 20m^2。对于设备间的使用面积，可用以下两个公式进行计算。

公式一：

$$S = K \sum_{i=1}^{n} S_i$$

式中，S 是设备间使用面积（m^2）；K 是系数，表示每个设备预占的面积，一般选择 5、6 或 7（根据设备大小来选择）；S_i 是代表各设备；n 是代表设备间内的设备总数。

公式二：

$$S = KA$$

式中，S 是设备间使用面积（m^2）；K 是系数，同公式一；A 是设备间内的设备总数。

技能练习 12　机柜与设备配置

进程一：知识准备

机柜按安装方式分为立式、壁挂式、开放式，其标准规格为 19 英寸，以便于安装外部尺寸以 U 为单位的设备，1U＝44.45mm。

1．立式机柜

立式机柜是直立安装于地面上的大型机柜。

（1）19 英寸标准机柜内部安装设备的空间高度一般为 1850mm（42U）。

（2）机柜采用优质冷轧钢板制作，表面采用静电喷塑工艺，耐酸碱，耐腐蚀，保证可靠接地、防雷击；附件包括专用固定托盘、专用滑动托盘、地脚钉、地脚轮、理线架、理线环、支架、扩展横梁和电源支架等。

（3）走线简便，前后及左右面板均可快速拆卸，方便各种设备的走线。

（4）上部安装有两个散热风扇。下部安装有 4 个转动轴辘和 4 个固定地脚螺栓。

（5）适用于 IBM、HP、Dell 等各种品牌的机架式服务器，也可以安装普通服务器和交换机等标准设备。

2．开放式机柜（架）

开放式机柜（架）也是直立安装于地面上的大型机柜（架）。结构和功能与立式机柜相同，只是不封闭。

3．壁挂式机柜

壁挂式机柜是挂在墙上节省占地的小型机柜，主要用于摆放轻巧的网络设备，外形美观，全柜采用全焊接式设计，牢固可靠。机柜背面有 4 个挂墙的安装孔。

进程二：现场调研

现场调研学校教学楼设备间（BD）与楼层电信间（FD）机柜型号与规格、机柜内材料与设备数量及布置方式。

（1）说明设备间（BD）面积和位置。

（2）说明楼层电信间（FD）数量和位置。

（3）根据相关设备及附件种类，填写表 4-11。

表 4-11　BD 与 FD 机柜与设备选型

BD 面积（m²）/位置	FD 面积（m²）/位置	设备名称	设备规格	设备型号	单位	单价	数量	备注
10	四层中间公共用房	立式机柜						
		配线架						
		理线架						
		交换机						
		壁挂式机柜						

（4）说明各机柜设备信息点容量。

项目二 设备间环境与安全

一、温度和湿度

一般将设备间温度和湿度分为 A、B、C 三级,可按某一级执行,也可按某几级综合执行,具体指标见表 4-12。

表 4-12 设备间温度和湿度指标

项目	A 级指标	B 级指标	C 级指标
温度(℃)	22±4(夏季) 18±4(冬季)	12～30	8～35
相对湿度(%)	40～65	35～70	30～80
温度变化率(℃/h)	小于 5 时设备间不凝露	大于 0.5 时设备间不凝露	小于 15 时设备间不凝露

设备间的温度、湿度和尘埃,对微电子设备的正常运行及使用寿命都有很大的影响。过高的室温会使元件失效率急剧增加,使用寿命下降;过低的室温又会使磁介等发脆,容易断裂。温度的波动会产生"电噪声",使微电子设备不能正常运行。相对湿度过低,容易产生静电,对微电子设备造成干扰;相对湿度过高,会使微电子设备内部焊点和插座的接触电阻增大。尘埃或纤维性颗粒积聚、微生物的作用还会使导线被腐蚀,进而断掉。

设备间的热量主要包括如下几个方面。

(1)各种电子设备发热量。

(2)照明灯具发热量。

(3)设备间外围结构发热量。

(4)室内工作人员发热量。

(5)室外补充新鲜空气带入的热量。

计算出上述总发热量再乘以系数 1.1,将结果作为空调负荷,据此为设备间选择空调设备。

二、空气、照明、噪声和电磁干扰

1. 空气

设备间内应保持空气洁净,应有良好的防尘措施,并防止有害气体侵入。有害气体和尘埃限值分别见表 4-13 和表 4-14。表 4-14 中规定的灰尘颗粒应是不导电的、非铁磁性和非腐蚀性的。

表 4-13 有害气体限值

有害气体（mg/m³）	二氧化硫（SO₂）	硫化氢（H₂S）	二氧化氮（NO₂）	氨气（NH₃）	氯气（Cl₂）
平均限值	0.2	0.006	0.04	0.05	0.01
最大限值	1.5	0.03	0.15	0.15	0.3

表 4-14 尘埃限值

灰尘颗粒的最大直径（μm）	0.5	1.0	3.0	5.0
灰尘颗粒的最大浓度（粒子数/m³）	1.40×10^7	7.00×10^5	2.40×10^5	1.30×10^5

2．照明

设备间内距地面 0.8m 处照度不应低于 200lx。

3．噪声

设备间的噪声应小于 70dB。

4．电磁干扰

设备间内电磁场频率应在 0.15～1000MHz 范围内，噪声应不大于 120dB，磁场干扰场强应不大于 800A/m。

三、设备间供电电源

（1）频率：50Hz。

（2）电压：380V/220V。

（3）相数：三相五线制、三相四线制或单相三线制。电源参数允许变动范围见表 4-15。

表 4-15 电源参数允许变动范围

项目	A 级指标	B 级指标	C 级指标
电压变动（%）	−5～+5	−10～+7	−15～+10
频率变化（Hz）	−0.2～+0.2	−0.5～+0.5	−1～+1
波形失真率（%）	≤5%	≤5%	≤10%

（4）将设备间内存放的每台设备用电量的标称值相加后再乘以系数，就是设备间的总用电量。用电设备采用不间断电源（UPS），以防止停电造成网络通信中断。UPS 应提供不少于 2 小时的后备供电能力。不间断电源功率应根据网络设备功率进行计算，并具有 20%～30% 的余量。各设备应选用铜芯电缆，严禁铜、铝混用。

（5）设备间防雷接地和设备接地，可单独接地或与大楼接地系统共同接地。每个配线架都应单独引线至接地体，单独设置接地体时，阻抗不应大于 4Ω；采用和大楼共同接地时，接地电阻不应大于 1Ω。设备间电源应具有过压和过流保护功能，以防止对设备造成不良影响和冲击。

四、地面、墙面和顶棚

设备间地面最好采用抗静电活动地板，其系统电阻应在 1～10Ω。带有走线口的活动地板称为异形地板，其走线应做到光滑，防止损伤电线、电缆。设备间地面所需异形地板的块数，可根据设备间所需引线的数量来确定。设备间地面禁止铺地毯。

设备间的墙面应美观、环保、防尘、防水、防火、防腐蚀；内功能区的分隔处墙面，应做到采光性能好、简洁明快、科学合理，不能过于烦琐。

为了吸收噪声及布置照明灯具，设备间的顶棚一般在建筑物梁下加一层吊顶。吊顶材料应满足防火要求。

根据设备间放置的设备及工作需要，可用玻璃将设备间隔成若干个房间。隔断时可以选用防火的铝合金或轻钢做龙骨，安装 10mm 厚玻璃，或从地板表面至 1.2m 处安装阻燃双塑板，1.2m 以上安装 10mm 厚玻璃。

五、安全

设备间的安全分为 A、B、C 三级。

A 级对设备间的安全有严格的要求，有完善的设备间安全措施。

B 级对设备间的安全有较严格的要求，有较完善的设备间安全措施。

C 级对设备间有基本要求，有基本的设备间安全措施。

设备间的安全要求见表 4-16。

表 4-16 设备间的安全要求

项目	C 级	B 级	A 级
场地选择	N	A	A
防火	A	A	A
防水	N	A	Y
内部装修	N	A	Y
供配电系统	A	A	Y
空调系统	A	A	Y
火灾报警及消防设施	A	A	Y
防静电	N	A	Y
防雷电	N	A	Y
防鼠害	N	A	Y
电磁波防护	N	A	A

注：N——无要求；A——有要求或增加要求；Y——要求。

A、B 级设备间应设置火灾报警装置。活动地板和吊顶板、主要的空调管道及易燃物附近部件，都应设置烟感和温感探测器。

A 级设备间内应设置七氟丙烷自动灭火系统，并备有手提式七氟丙烷自动灭火系统。其建筑物的耐火等级必须符合 GB 50016—2014 中规定的一级耐火等级。

B 级设备间在条件允许的情况下，应设置七氟丙烷自动消防系统，并备有七氟丙烷其建筑物的耐火等级必须符合 GB 50016—2014 中规定的二级耐火等级。

与 A、B 级设备间相关的其余工作房间及辅助房间，其建筑物的耐火等级不应低于 GB 50016—2014 中规定的二级耐火等级。

C 级设备间应配置手提式七氟丙烷其建筑物的耐火等级应符合 GB 50016—2014 中规定的二级耐火等级。

与 C 级设备间相关的其余基本工作房间及辅助房间，其建筑物的耐火等级不应低于 GB 50016—2014 中规定的三级耐火等级。

A、B、C 级设备间，禁止使用水、干粉或泡沫等易产生二次破坏的灭火剂。

A、B、C 级设备间进行装修时，装饰材料应采用 GB 50016—2014 中规定的阻燃材料或非燃材料，应能防潮、吸收噪声、不起尘、抗静电等。

 项目三 进线间布线技术

每个建筑物宜设置一个进线间，且一般位于地下层，外线宜从两个不同的路由引入进线间，有利于与外部管道沟通。进线间与建筑物红外线范围内的人孔或手孔采用管道或通道的方式互连。进线间因涉及因素较多，难以统一提出具体所需面积，可根据建筑物实际情况并参照通信行业和国家现行标准要求进行设计。

GB 50311—2016 中与进线间设计有关的标准如下。

（1）进线间内应设置管道入口，入口的尺寸应满足不少于 3 家电信业务经营者通信业务接入及建筑群布线系统和其他弱电子系统的引入管道管孔容量的需求。

（2）在单栋建筑物或由连体的多栋建筑物构成的建筑群内应设置不少于一个进线间。

（3）进线间应满足室外引入缆线的敷设与成端位置及数量、缆线的盘长空间和缆线的弯曲半径等要求，并应提供安装综合布线系统及不少于 3 家电信业务经营者入口设施的使用空间及面积。进线间面积不宜小于 $10m^2$。

（4）进线间设置在建筑物地下一层临近外墙、便于管线引入的位置，其设计应符合下列规定。

① 管道入口位置应与引入管道高度相对应。

② 进线间应防止渗水，在室内设置排水地沟并与附近设有抽排水装置的集水坑相连。

③ 进线间应与电信业务经营者的通信机房，建筑物内配线系统设备间、信息接入机房、信息网络机房、用户电话交换机房、智能化总控室等及垂直弱电竖井之间设置互通的管槽。

④ 进线间应采用相应防火级别外开防火门，门净高不小于 2.0m，净宽不小于 0.9m。

⑤ 进线间宜采用轴流式通风机通风，排风量应按每小时不少于 5 次换气次数计算。

（5）与进线间安装的设备无关的管道不应在室内通过。

（6）进线间安装信息通信系统设施应符合设备安装设计的要求。

（7）综合布线系统进线间不应与数据中心使用的进线间合设，建筑物内各进线间之间应设置互通的管槽。

（8）进线间应设置不少于两个单相交流 220V/10A 电源插座盒，每个电源插座的配电线路均应装设保护器。设备供电电源应另行配置。

进线间入口管道口所有布放缆线和空闲的管孔应用防火材料封堵，做好防水处理。建筑群主干电缆和光缆、公用网和专用网电缆与光缆、天线馈线等室外缆线进入建筑物时，应在进线间成端转换成室内电缆、光缆，在缆线的终端处可由多家电信业务经营者设置入口设施，入口设施中的配线设备应按引入的电缆、光缆容量配置。

电信业务经营者在进线间设置安装的入口配线设备与 BD 或 CD 之间应敷设相应的连接电缆、光缆，实现路由互通。

进线间缆线入口处的管孔数量应满足建筑物之间、外部接入业务及多家电信运营商缆线接入的需求，并应留有 4 孔的余量。

建筑群子系统布线技术

学习目的：

了解建筑群子系统设计技术要求，掌握设计步骤

大型企业或政府机关可能分散在几幢相邻或不相邻的建筑物内办公，彼此之间的语音、数据、图像和监控等信息由建筑群子系统来传输。建筑群子系统设计的好坏、工程质量的高低、技术性能的优劣都直接影响到综合布线系统的服务质量，在设计时必须高度重视。

 ## 建筑群子系统设计

从全程全网来看，建筑群子系统也是公用通信网的组成部分，使用性质、技术要求、技术性能应基本一致。设计时应保证全程全网的通信质量，不以局部的需要为基点，不能降低全程全网的信息传输质量。另外，必须按照本地区通信线路的有关规定设计。

建筑群子系统的缆线敷设在校园式小区或智能化小区内，成为公用管线设施时，其设计应纳入小区的规划，具体分布应符合智能化小区的远期发展要求（包括总平面布置），且与近期需要和现状相结合，尽量不与城市建设和有关部门的规定发生矛盾，使传输线路建设后能长期稳定、安全可靠地运行。

在已建或正在建设的智能化小区内，如已有地下电缆管道或架空通信杆路，应尽量设法利用。可与该设施的主管单位（包括公用通信网或用户自备设施的单位）进行协商，采取合用或租用等方式。这样可避免重复建设，节省工程投资，减少小区内管线设施，有利于环境美观和小区布置。

GB 50311—2016 第 8.0.10 条为强制性条文，必须严格执行。其具体内容为"当电缆从建筑物外面进入建筑物时，应选用适配的信号线路浪涌保护器"。配置浪涌保护器的主要目的是防止雷电（或其他强电磁变化）通过室外线路进入建筑物内部设备间，击穿或者损坏网络系统设备。

为了节约工程造价，也允许个别配线间配线架直接连到建筑群配线架，而不经过建筑

物配线架。

一、建筑群子系统设计标准（GB 50311—2016）

（1）建筑群配线设备（CD）内线侧的容量应与各建筑物引入的建筑群主干缆线容量一致。

（2）建筑群配线设备（CD）外线侧的容量应与建筑群外部引入的缆线的容量一致。

（3）建筑群配线设备各类设备缆线和跳线的配置应符合 GB 50311—2016 第 5.2.10 条的规定。

二、设计要点

建筑群子系统设计应注意所在地区的整体布局。目前，由于智能建筑群的推广，环境美化要求较高，对于各种管线设施都有严格规定，要根据小区建设规划和传输线路分布，尽量采用地下化和隐蔽化方式。

建筑群子系统设计应根据建筑群用户信息需求的数量、时间和具体地点，采取相应的技术措施和实施方案。在确定缆线的规格和容量、敷设的路由及建筑方式时，务必要使通信传输线路建成后保持相对稳定，并能满足今后一定时期信息业务的发展需要。

（1）线路路由应尽量做到距离短、平直，并从用户信息需求点密集的楼群经过，以便供线和节省工程投资。

（2）线路路由应选择在较永久的道路上敷设，并应符合有关标准规定，以及与其他管线和建筑物之间的最小净距要求。除因地形或敷设条件的限制必须与其他管线合沟或合杆外，与电力线路必须分开敷设，并有一定的间距，以保证通信线路安全。

（3）建筑群子系统的主干缆线分支到各幢建筑物的引入段落，其建筑方式应尽量采用地下敷设。如不得已而采用架空方式（包括墙壁电缆引入方式），应隐蔽引入，其引入位置应选择在房屋建筑的后面。

三、设计步骤

1. 确定敷设现场的环境和结构特点

（1）确定整个工程范围的面积。

（2）确定工地的地界。

（3）确定共有多少座建筑物。

（4）确定是否需要和其他部门协调。

2. 确定缆线系统的一般参数

（1）确定起点位置。

（2）确定端接点位置。

（3）确认涉及的建筑物和每座建筑物的层数。

（4）确定每个端接点所需电缆类别及规格。

（5）确定所有电缆端接点数。

3．确定建筑物的缆线入口

（1）对于现有建筑物，要确定各个入口管道的位置，每座建筑物有多少个入口管道可供使用，入口管道数目是否满足系统的需要。

（2）入口管道不够用时，要确定移走或重新布置哪些缆线，是否能腾出某些入口管道，在不够用的情况下应另装多少个入口管道。

（3）如果建筑物尚未建起来，则要根据选定的缆线路由，完善缆线系统设计，并标出入口管道的位置，选定入口管道的规格、长度和材料，在建筑物施工过程中安装好入口管道。建筑物入口管道的位置应便于连接公用设备，可根据需要在墙上穿过一根或多根管道。依据建筑法规，了解对承重墙穿孔有无特殊要求。所有易燃材料（如聚丙烯管道、聚乙烯管道）应端接在建筑物的外面，外部缆线的聚丙烯护皮可以例外，但它在建筑物内部的长度（包括多余缆线的卷曲部分）不能超过 15m。如果超过 15m，就应使用合适的缆线入口器材，在入口管道中填入防水和气密性良好的密封胶。

4．确定明显障碍物的位置

（1）确定土壤类型，如砂质土、黏土和砾石土等。

（2）确定缆线的布放方法。

（3）确定地下公用设施的位置。

（4）查清拟订的缆线路由沿线各个障碍物的位置或地理条件，包括铺路区、桥梁、铁路、树林、池塘、河流、山丘、砾石土、截留井、人孔（人字形孔道）等。

（5）确定管道的要求。

5．确定主干缆线路由和备用缆线路由

（1）对于每种特定的路由，确定可能的缆线结构方案。

① 所有建筑物共用一根缆线。

② 对所有建筑物进行分组，每组单独分配一根缆线。

③ 每座建筑物单用一根缆线。

（2）查清在缆线路由中，哪些地方须获准后才能施工通过。

（3）比较每种路由的优缺点，选定几个可能的路由方案。

6．选择所需缆线类型和规格

（1）确定缆线长度。

（2）画出最终的结构图。

（3）画出所选定路由的位置和挖沟详图，包括公用道路图或任何须经审批才能动用的地区的草图。

（4）确定入口管道的规格。

（5）选择每种设计方案所需的专用缆线。

（6）参考所选定的布线产品的部件指南。

（7）对于须用管道，应确定其规格、长度和材料。

7．确定每种方案所需的劳务成本

（1）确定布线时间。

① 迁移或改变道路、草坪、树木等所花的时间。

② 如果使用管道，应包括敷设管道和穿缆线的时间。

③ 确定缆线接合时间。

④ 确定其他时间，如运输时间、协调时间、待工时间等。

（2）计算总时间。

（3）计算每种设计方案的劳务成本，用总时间乘以当地的工时费。

8. 确定每种方案所需的材料成本

（1）确定缆线成本。

① 参考有关布线材料价格表。

② 针对每根缆线查清每 100m 的成本。

（2）确定所用支持结构的成本。

① 查清并列出所有的支持部件。

② 根据价格表查明每项用品的单价。

③ 将单价乘以所需的数量。

（3）确定所有支撑硬件的成本。对于所有的支撑硬件，重复第（2）项所列的 3 个步骤。

9. 选择最经济实用的设计方案

（1）把每种方案的各项成本加在一起，得到每种方案的总成本。

（2）比较各种方案的总成本，选择成本较低者。

（3）分析所选的方案是否有重大缺点，以致抵消了经济上的优点。如果发生这种情况，应取消此方案，考虑其他经济性较好的设计方案。

注意：如果涉及主干缆线，应把有关的成本和设计规范也列进来。

四、建筑群子系统的缆线选择

建筑群数据网的主干缆线一般应选用多模或单模室外光缆，芯数不少于 12 芯，并且宜用松套型、中央束管式。建筑群数据网的主干缆线作为使用光缆与电信公用网连接时，应采用单模光缆，芯数应根据综合通信业务的需要而定。

建筑群数据网主干缆线如果选用对绞电缆，一般应选择高质量的大对数对绞电缆。当从 CD 至 BD 使用对绞电缆时，总长度不应超过 1500m。对于建筑群语音网的主干缆线，一般可选用 3 类大对数电缆。CD 内外配线容量与连接 BD 配线容量应一致。

 建筑群子系统路由

建筑群子系统通信线路敷设方式有架空和地下两种类型。架空方式分为立杆架设和墙壁挂放两种，根据架空缆线与吊线的固定方式又可分为自承式和非自承式两种。地下方式包括管道电缆、沟道与隧道敷设和直埋电缆等。建筑群子系统通信缆线路由方式见表 4-17。

表 4-17　建筑群子系统通信缆线路由方式

类型	名称	优点	缺点	备注
地下类型	管道电缆	● 电缆敷设方便，易于扩建或更换 ● 线路隐蔽，环境美观，整齐有序 ● 电缆有环境保护措施，比较安全，可延长电缆使用年限 ● 产生障碍和干扰的机会少，不易影响通信，有利于使用和维护 ● 维护工作量小，费用少	● 建筑管道和人孔等施工难度大，工程环节较多，技术要求复杂 ● 土方量多，初次工程投资较高 ● 要有较好的建筑条件（如有定型的道路和管线） ● 与各种地下管线设施产生的矛盾较多，协调工作较复杂	管道电缆不宜采用钢带铠装结构，一般采用塑料护套电缆
	直埋电缆	● 线路隐蔽，环境美观 ● 初次工程投资较管道电缆低，无须建人孔和管道，施工较简单 ● 产生障碍和干扰的机会少，有利于使用和维护 ● 不受建筑条件限制，维护工作费用较少 ● 与其他地下管线发生矛盾时，易于躲让和处理	● 维护更换和扩建都不方便，发生故障后必须挖掘，修复时间长，影响通信 ● 当电缆与其他地下管线过于接近时，双方在维修时会增加机械损伤机会 ● 对挖掘正式道路或设施须做补偿	直埋电缆应按不同环境条件，采用不同形式铠装电缆，一般不用塑料护套电缆
	沟道与隧道敷设	● 线路隐蔽，安全稳定，不受外界影响 ● 施工简单，工作条件较直埋好 ● 电缆增添敷设方便，易于扩建或更换 ● 可与其他弱电线路共用隧道设施，可节约工程初次投资	● 与其他弱电线路共建时，在施工与维护中要求配合和相互制约，有时较难协调 ● 如为专用电缆沟道等设施，初次工程投资较多	电缆沟道有明暗两种，其优、缺点也有所不同，应视路由条件而定
架空类型	立杆架设	● 查找和修复故障均较方便 ● 施工技术较简单，建设速度较快 ● 能适应今后的变动，易于拆除、迁移、更换或调整，便于扩建	● 产生障碍的机会较多，对通信安全有所影响 ● 易受外界因素腐蚀和机械损伤，影响电缆使用寿命 ● 对周围环境的美观有影响	架空电缆宜采用塑料电缆，不宜采用钢带铠装电缆
	墙壁挂放	● 初次工程投资较低 ● 施工和维护方便 ● 较立杆架设美观	● 产生障碍的机会较多，对通信安全有所影响，安全性不如地下方式 ● 对房屋建筑立面美观有些影响 ● 今后扩建、拆换时不太方便	与立杆架设相同

学习任务六 管理系统设计技术

学习目的：

　　掌握管理系统设计技术要求、设计步骤，会设计管理方案

　　对设备间、楼层电信间、进线间及工作区的网络设备、配线设备、信息点和各类缆线设施，按一定的模式和规定进行必要的标识和记录，所做的标识和交接管理实施方案，即为管理系统。其内容包括：用颜色标记和区分不同区域主干缆线和配线缆线或设备端点，用标签标明端接区域、物理位置、编号、容量、规格，同时表明设备与缆线连接方式和管理方式。有了管理系统，才能现场即时识别综合布线系统运行情况，实时管理和维护通信网络。

　　通信设备、缆线之间通常采用互连或交连方式接续，所谓交连或互连，就是允许将通信线路定位或重新定位到建筑物的不同部位，以便更容易地管理通信线路。楼层电信间和设备间都是实现建筑物内通信网络管理功能的场所。

　　管理系统的设计主要考虑以下三个方面。

　　（1）接插配线如何实现管理功能。

　　（2）设备连接方式与应用。

　　（3）标识方案设计与实施。

 项目一 标识管理

一、管理方案设计标准（GB 50311—2016）

　　（1）对设备间、电信间、进线间和工作区的配线设备、缆线、信息点等设施，应按一定的模式进行标识和记录，并应符合下列规定。

　　① 综合布线系统工程宜采用计算机进行文档记录与保存，简单且规模较小的综合布线系统工程可按图纸资料等纸质文档进行管理。文档应做到记录准确、及时更新、便于查阅，文档资料应实现汉化。

　　② 综合布线的每一电缆、光缆、配线设备、终接点、接地装置、管线等组成部分均应给定唯一的标识符，并应设置标签。标识符应采用统一数量的字母和数字等标明。

　　③ 电缆和光缆的两端均应标明相同的标识符。

　　④ 设备间、电信间、进线间的配线设备采用统一的色标区别各类业务与用途的配线区。

　　⑤ 综合布线系统工程应制订系统测试的记录文档内容。

（2）所有标签应保持清晰，并应满足使用环境要求。

（3）综合布线系统工程规模较大，以及用户有提高布线系统维护水平和网络安全的需要时，宜采用智能配线系统对配线设备的端口进行实时管理，显示和记录配线设备的连接、使用及变更状况，并应具备下列基本功能。

① 实时智能管理与监测布线跳线连接通断及端口变更状态。

② 以图形化显示为界面，浏览所有被管理的布线部位。

③ 管理软件提供数据库检索功能。

④ 用户远程登录对系统进行远程管理。

⑤ 管理软件对非授权操作或链路意外中断提供实时报警。

（4）综合布线系统相关设施的工作状态信息应包括设备和缆线的用途、使用部门、组成局域网的拓扑结构、传输信息速率、终端设备配置状况、占用器件编号、色标、链路与信道的功能和各项主要指标参数及完好状况、故障记录等信息，还应包括设备位置和缆线走向等内容。

二、三种常用标识

依据国标，管理概念内所做的所有标记称为标识。一个综合布线系统一般要做好三种标识，既电缆标识、场标识和插入标识，如图 4-35 所示。

图 4-35　各种标识

1．电缆标识

采用粘贴型标签，即背面有不干胶的白色胶片，在其上面做好标记后直接粘贴到各种电缆表面上。

2．插入标识

采用插入型标签，将硬纸片在 110 型接线块上的两个水平齿条之间。

3．场标识

采用彩色标签，背面有不干胶，贴在设备间、配线间、二级交接间和建筑物布线场的平整表面上。每个标识都用色标来指明电缆的源发地，这些电缆端接于设备间 BD 和电信间 FD 的管理场。

在管理点，通过插入色条来标记不同类型的线路，所用的底色及其含义如下。

（1）在设备间。

① 蓝色：从设备间到工作区的信息插座（TO）实现连接。

② 白色：干线电缆和建筑群电缆。

③ 灰色：端接与连接干线到计算机房或其他设备间的电缆。

④ 绿色：来自电信局的输入中继线。

⑤ 紫色：公用系统设备连线。

⑥ 黄色：交换机和其他设备的各种引出线。

⑦ 橙色：多路复用输入电缆。

⑧ 红色：关键电话系统。

⑨ 棕色：建筑群干线电缆。

（2）在主接线间。

① 白色：来自设备间的干线电缆的点对点端接。

② 蓝色：到配线接线 I/O 服务的工作区线路。

③ 灰色：到远程通信（卫星）接线间各区的连接电缆。

④ 橙色：主接线间各区的连接电缆。

⑤ 紫色：自动系统公用设备的线路。

（3）在远程通信（卫星）接线间。

① 白色：来自设备间的干线电缆的点对点端接。

② 蓝色：到干线接线间 I/O 服务的工作区线路。

③ 灰色：来自干线接线间的连接电缆。

每个交连区实现线路管理，是在各色标场之间接上跨接线或插入线，这种色标用来标明该场是干线电缆、配线电缆或设备端接点等。技术人员或用户可以按照各条线路的识别颜色插入色条，以标记相应的场。这些场通常分配给指定的接线块，而接线块则按垂直或水平结构进行排列。当有关场的端接数量很少时，可以在一个接线块上完成所有行的端接。

图 4-36、图 4-37 和图 4-38 分别是典型的干线接线间连接电缆及其色标、二级交接间连接电缆及其色标、典型的配线方案。

图 4-36 典型的干线接线间连接电缆及其色标

图 4-37　二级交接间连接电缆及其色标

图 4-38　典型的配线方案

各种标识所用的标签应具有与其标识的设施相同或更长的使用寿命，所有标签均应正规打印，不允许手工填写。

三、交接管理方式

所谓交接，就是指线路交连处的跳线连接。通过跳线连接可安排或者重新安排线路路由，管理用户终端，从而突显综合布线系统的灵活性。本书重点介绍单点管理和双点管理。

单点管理（TIA606 标准定义中称为一级管理），指单一电信间 FD 的电信基础设施和设备的管理，即在通信网络系统中只有一个"点"可以进行线路跳线连接，其他连接点采用直接连接（互连）。

双点管理（TIA606 标准定义中称为二级管理），即在网络系统中只有两个"点"可以进行线路跳线连接，其他连接点采用直接连接。这是管理系统普遍采用的方法，适用于大中型系统工程。例如，BD 和 FD 采用跳线连接。

用于构造交接场的硬件所处的地点、结构和类型，决定综合布线系统的管理方式。交接场的结构取决于工作区、综合布线规模和选用的硬件。在不同类型的建筑物中，管理系统常采用单点管理单交连、单点管理双交连、双点管理双交连、双点管理三交连和双点管理四交连等方式。

单点管理单交连位于设备间里面的交换设备或互连设备附近，通常线路不进行跳线管理，直接连至用户工作区。这种方式使用的场合较少，其结构如图 4-39 所示。

图 4-39　单点管理单交连

单点管理双交连位于设备间里面的交换设备或互连设备附近，通过硬件线路实现连接，不进行跳线管理，直接连至 FD 里面的第二个接线交接区。如果没有 FD，第二个交连可放在用户的墙壁上，如图 4-40 所示。

图 4-40　单点管理双交连（第二个交连在配线间用硬接线实现）

对于低矮而又宽阔的建筑物（如机场、大型商场），其管理规模较大，管理结构较复杂，这时多采用二级交接间，设置双点管理双交连。双点管理除了在设备间里有一个管理点之外，在配线间仍有一级交接（跳线）管理。

在二级交接间或用户房间的墙壁上，还有第二个可管理的交连。双交连要经过二级交连设备。第二个交连可能是一个连接块，它对一个接线块或多个终端块（其配线场与专用小交换机干线电缆和配线电缆站场各自独立）的配线和站场进行组合，如图 4-41 所示。

图 4-41　双点管理双交连（第二个交连用作配线间的管理点）

若建筑物的规模比较大，而且结构复杂，还可以采用双点管理三交连方式，如图 4-42 所示。

图 4-42　双点管理三交连

有时甚至采用双点管理四交连方式。综合布线中使用的电缆，一般不能超过 4 次交连。在使用光纤连接时，要用到光纤接续箱（LIU）。箱内可以有多个 ST 连接安装孔，箱体及箱内的线路弯曲设计应符合 62.5/125μm 多模光纤的弯曲要求。

标识方案的内容与设计步骤

无论单点管理还是双点管理，能否发挥重要作用，关键在于标识方案设计。标识方案设计与综合布线工程规模、特点有必然关系，标识方案主要包括设备间标识与电信间标识。

一、设备间标识

1. 机柜/机架标识

（1）地板网格坐标标识。

数据中心设在架空地板房间，以数据中心设备机房地板为平面，建立一个平面 XY 坐标系，字母表示 X 轴坐标，数字表达 Y 轴坐标，用于准确表达机柜/机架位置。

每一个机柜/机架有一个唯一的基于地板网格坐标的标识符。对于多楼层数据中心，则将楼层编号作为前缀放到机柜/机架标识符前。例如：数据中心第二层坐标为 AE03 的机柜/机架应标记为 2AE03，如图 4-43 所示。

一般情况下，机柜/机架标识符采用 nnXXYY 格式。其中，nn 为楼层编号，XX 为地板网格横坐标，YY 为地板网格纵坐标。

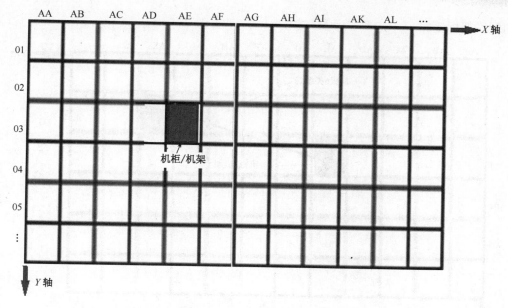

图 4-43　地板网格坐标标识

（2）行列标注。

若数据中心房间无地板，则使用行编号和列编号来标记每一个机柜/机架，如图 4-44 所示。

图 4-44　行列标注

2. 配线架标识

配线架标识，包括配线架所处机柜/机架编号和其在机柜/机架中的位置及端口号。

（1）配线架位置用字母自上而下表示。

（2）配线架端口用两个或三个特征标识符表示。

例如：机柜 3AE05 中第二个配线架的第四个端口可标记为 3AE05—B04。

一般配线架端口标识符格式为 nnXXYY—Ammm。nn 指楼层编号，XX 指地板网格横坐标（或列号），YY 指地板网格纵坐标（或行号），A 指配线架号（A～Z 从上向下），mmm 指线对、芯纤或端口编号。

（3）配线架连通性标识符。

配线架连通性标识符格式：P_1 to P_2。P_1 指近端机架或机柜、配线架次序和端口数字。P_2 指远端机架或机柜、配线架次序和端口数字。

例如：连接 24 根从主配线区到楼层配线区 1 的 6 类缆线的 24 口配线架应标记为 MDA to HDA1 Cat6UTP1—24。

图 4-45 显示了 24 根 6 类缆线用于连接机柜/机架 AE03 与 AK02，图 4-46 显示了其对

应的配线架标签。

图 4-45　配线架示例

图 4-46　配线架标签

3．缆线和跳线标识

缆线两端必须贴上标记所连设备的近端和远端地址的标签。

缆线标记格式：P_1/P_2。P_1 指近端机架或机柜、配线架次序和指定的端口，P_2 指远端机架或机柜、配线架次序和指定的端口。

跳线标识如图 4-47 所示，连接到配线架第一个位置的缆线标记为 AE03—A01/AK02—B01，且在机柜 AK02 内相同缆线标记为 AK02—B01/AE03—A01。

图 4-47　跳线标识

二、电信间标识

完整的电信间标识应包含建筑物名称、位置、区号、起始点和功能等信息，并给出楼层信息点序列号与最终房间信息点号的对照表。楼层信息点序列号是指在未确定房间号之前，为在设计中标定信息点的位置，以楼层为单位给各个信息点分配的唯一序号。对于开放式办公环境，所有预留的信息点都应参加编写。

1．电信间信息点编号规则（图4-48）

图4-48　电信间信息点编号规则

每个编号唯一标识一个信息点，与一个RJ面板插孔对应，也与一条配线电缆对应。其中楼层号从1到12。设备类型码有两种，C表示计算机，P表示电话。同层信息点统一顺序编号。此编号会在下列地方用到。

（1）布线系统平面图和其他一些文档中，都用上述编号来标识信息点。

（2）每个信息盒面板的插孔下方贴以写有信息点编号的标签。

（3）在配线架的标签条上标明相应位置对应的信息点编号，并登记注册。

（4）穿线工程中，每根电缆的两端都按上述规则标号。

2．电信间FD

（1）每个电信间FD采用三个字符标记，分别表示楼层和电信间号码，如03b（楼层03，电信间b）。

（2）电信间内的每个机柜/机架用一位代码表示，如c（机架c）。

（3）机柜/机架上的配线架用两位数字表示，如06（配线架06）。

（4）配线架的每个RJ口位置用两位数字表示，如04（端口位置04）。

例如：标签03b－c06－04表示03楼层b电信c机架06配线架04端口位置。

3．信息点端口

信息点端口用区域号和面板号来标记，如a42（a区，面板42）。区域号用于标记建筑物中的某个具体区域，在楼层的平面图中可以找到。

信息点端口内每个插座的位置用两位数字表示，如01（插座01）。

例如：标签a42－01就确定了该插座的位置是a区、面板42、插座01。

4．配线架位置

配线架的位置应参照插座上的标签，如a42－01（a区、面板42、插座01）。或者参照另外一个配线架，如03a－b17－02（03楼层、a电信间、b机架、17配线架、RJ端口位置02）。

5．缆线

缆线上有起点和终点代码的标签，如03b－c05－05/a42－01（起点/终点），表示缆线的接插板端（起点）端接在03楼层、b电信间、c机架、05排、位置05上，而另外一端（终点）则端接在a区、面板42、插座01上。

6．插座位置

插座的位置应当参照电信间的位置来粘贴标签，如 03b－c05－05（03 楼层、b 电信间、c 机架、05 配线架、位置 05）。

三、管理方案设计步骤

步骤一：选择综合布线系统所用到的硬件类型并确定其规模。

（1）确定所使用的设备硬件类型。

（2）确定组成线路电缆类别。

（3）确定硬件与缆线（中继线/辅助场）交连/互连的规模与方式。

（4）确定设备间或电信间交连/互连硬件的位置。

步骤二：确定语音和数据线路要端接的电缆对总数，并分配好语音和数据线路所需的墙场或终端条带。

步骤三：确定设备间和楼层电信间与工作区信息点的连接方式、标记方式。

步骤四：确定标识方案并实施。

标识方案的制定原则通常由最终用户、系统管理人员提供。所有的标识方案均应规定各种参数和识别步骤，以便查清交接场的各种线路和设备端接点。为了有效地进行线路管理，标识方案须作为技术文件存档。

四、管理系统设计时应注意的问题

（1）确定干线通道和实现管理的 BD/FD 数目，应从所服务的可用楼层空间来考虑。

（2）管理仅限于设备间时，设备间面积不应小于 $10m^2$。端接的工作区超过 200 个，则应在该建筑物中增加一个或多个二级配线间（BD），设置要求见表 4-18，或根据设计需要确定。

表 4-18　电信间 FD 的设置要求

工作区数量（个）	BD 数量（个），面积（m^2）	二级 BD 数量（个），面积（m^2）
≤200	1，≥1.2×1.5	0
201～400	1，≥1.2×2.1	1，≥1.2×1.5
401～600	1，≥1.2×2.7	1，≥1.2×1.5
>600	2，≥1.2×2.7	任何一个配线间最多可以支持两个二级配线间

（3）管理采用 110PB 型配线架与配线缆线端接，可为多系统应用提供最大灵活性，整个系统采用双点管理。

技能练习 13　设计标识方案

依据前面所学的知识，对教学楼二楼计算机网络 A 电信间 FD_2 管理信息点数量、位置、机柜及柜内设备的选型和安排，做出标识方案。

进程一：确定机柜规格与型号

进程二：机柜内设备选型与布置

进程三：做出标识方案

参照图 4-49 和表 4-19，写出单点管理 C 面板 02 端口所用的标识方案。

图 4-49　教学楼二楼电信间系统图

表 4-19　教学楼二楼电信间标识设计方案

位置号	说明	标识设计	意义	备注
（1）	设备缆线	S02—D02—C02	连接到教学楼 2 层—D 功能区域 02 房间—C 面板 02 端口	
（2）	面板	D02—C02—D	D 功能区域 02 房间—C 面板 02 端口—JS（计算机业务）	
（3）	水平配线电缆	S02—D02—C02/ 02A—A01—E02	端接于工作区：教学楼 2 层—D 功能区域 02 房间—C 面板 02 端口 电信间：2 层 A 电信间—A 列 01 机柜—E 配线架 02 端口	
（4）	配线架	02A—A01—E02	2 层 A 电信间—A 列 01 机柜—E 配线架 02 端口	
（5）	跳线	A01—E01/A01—F02	A 列 01 机柜—E 配线架 01 端口/A 列 01 机柜—F 配线架 02 端口	
（6）	配线架	02A—A01—F02	2 层 A 电信间—A 列 01 机柜—F 配线架 02 端口	
（7）	设备缆线	A01—F02—Q02	A 列 01 机柜—F 配线架 02 端口—机柜 Q 交换机位置 02 设备端口	
（8）	设备缆线	A01—G02—Q11	A 列 01 机柜—G 配线架 02 端口—机柜 Q 交换机位置 11 设备端口	
（9）	配线架	02A—A01—G02	2 层 A 电信间—A 列 01 机柜—G 配线架 02 端口	
（10）	跳线	A01—G02/ A01—H02	A 列 01 机柜—G 配线架 02 端口/A 列 01 机柜—H 配线架 02 端口	
（11）	配线架	02A—A01—H02	2 层 A 电信间—A 列 01 机柜—H 配线架 02 端口	

学习任务七

管、槽、桥架配置技术

学习目的：
掌握管、槽、桥架设计技术要求与方法

项目一 管、槽、桥架的类别及走线方式

一、槽、管、桥架的类别

1. 金属槽和塑料槽

金属槽由槽底和槽盖两部分组成，每根槽的长度一般为 2m，槽与槽连接时使用相应尺寸的铁板和螺钉固定。金属槽的外形结构如图 4-50 所示。

图 4-50　金属槽的外形结构

在综合布线系统中，常用金属槽的规格有 50mm×100mm、100mm×100mm、100mm×200mm、100mm×300mm、200mm×400mm 等。

综合布线通常用 PVC 槽，其品种规格多，从型号上讲有 PVC—20 系列、PVC—25 系列、PVC—25F 系列、PVC—30 系列、PVC—40 系列和 PVC—40Q 系列等，从规格上讲有 24mm×14mm、39mm×19mm、50mm×25mm、60mm×40mm、80mm×50mm 和 100mm×50mm 等。与 PVC 槽配套的附件有阳角、阴角、直转角、平三通、左三通、右三通、连接头、终端头和接线盒（暗盒、明盒）等，如图 4-51 所示。

图 4-51　PVC 槽及其附件

2．金属管和塑料管（图 4-52）

金属管主要用于分支结构或暗埋的线路，它的规格也有多种。按外径分，工程施工中常用的金属管有 D16、D20、D25、D32、D40、D5O、D63、D110 等规格。

PE 阻燃导管是一种塑制半硬导管，按外径分有 D16、D20、D25、D32 四种规格。外观呈白色，有强度高、耐腐蚀、挠性好、内壁光滑等优点，明、暗装穿线兼用。

PVC 阻燃导管是以聚氯乙烯树脂为主要原料，经加工设备挤压成形的刚性导管。小管径 PVC 阻燃导管可在常温下进行弯曲。PVC 阻燃导管按外径分有 D16、D20、D25、D32、D40、D45、D63、D110 等规格。

图 4-52　金属管与塑料管

与 PVC 阻燃导管配套的附件有接头、螺圈、弯头、弯管弹簧、一通接线盒、二通接线盒、三通接线盒、四通接线盒、开口管卡、专用截管器和 PVC 黏合剂等。

管道的最小弯曲半径见表 4-20。

表 4-20　管道的最小弯曲半径

管道直径（mm）	截面积（mm²）	管道最小弯曲半径无铅铠装（mm）
20	314	127
25	494	152
32	808	203

续表

管道直径（mm）	截面积（mm²）	管道最小弯曲半径无铅铠装（mm）
40	1264	254
50	1975	305
70	3871	380

3．桥架

桥架是建筑物内布线不可缺少的一个部分。桥架分为普通型桥架、重型桥架和槽式桥架。其中，重型桥架和槽式桥架在网络布线中很少使用。

普通型桥架有以下主要配件：梯架、弯通、三通、四通、多节二通、凸弯通、凹弯通、调高板、端向连接板、调宽板、垂直转角连接件、连接板、水平转角连接板和隔离板等。

直边普通型桥架有以下主要配件：梯架、弯通、三通、四通、多节二通、凸弯通、凹弯通、盖板、弯通盖板、三通盖板、四通盖板、凸弯通盖板、凹弯通盖板、花孔托盘、花孔弯通、花孔四通托盘、连接板、垂直转角连接板、水平转角连接板、端向连接板护板、隔离板、调宽板和端头挡板等。

二、管槽走线

1．新建筑物配线子系统管槽走线

1）直接埋管走线

直接埋管走线是一种地板走线方式，由一系列密封在现浇混凝土中的金属布线管道（如厚壁镀锌管）或金属馈线走线槽（如薄型电线管）组成，这些金属布线管道或金属馈线走线槽从楼层配线间向信息插座处辐射。

现代楼宇不仅有较多的电话语音点和计算机数据点，而且语音点与数据点可能还要求互换，以增强综合布线系统使用的灵活性。对于目前使用较多的 SC 镀锌钢管及阻燃高强度 PVC 管，建议富余容量为 70%。

2）线槽支管走线

这是一种先走吊顶内线槽，再走支管到信息出口的吊顶内走线方式。由弱电竖井出发的线缆，先进入吊顶中的线槽或桥架，到达各个房间后，再分出支管到房间内的吊顶，贴墙而下到信息插座处，如图 4-53 所示。

图 4-53　线槽支管走线方式

线槽通常悬挂在天花板上方区域，用在大型建筑物或布线系统比较复杂而须有额外支持物的场合。线槽由金属或阻燃高强度 PVC 材料制成，有单件扣合式和盒式两种类型。在设计安装线槽时，应尽量将线槽置于走廊的吊顶内，支管应尽量集中，以便于维护。如果是新建筑，应赶在走廊吊顶施工前进行。这样不仅可以减少布线工时，还利于已穿线缆的保护，不会影响房内装修。

如果楼板适合穿孔，由弱电井出来的线缆也可先走吊顶内的线槽，经分支线槽从横梁式电缆管道分叉后，将电缆穿过一段支管引向墙柱或墙壁，贴墙而上。

3）地面线槽走线

这是一种适合大开间及后打隔断的地板走线方式，由弱电竖井出发的线缆通过地面线槽到地面出线盒，在地面出线盒上安装多用户插座，再由多用户插座连接到办公桌信息插座。

2．旧建筑物配线子系统管槽走线

1）护壁板电缆管道走线

护壁板电缆管道是一种沿建筑物敷设的金属管道。电缆管道的前面板盖是活动的，插座可装在沿管道的任何地方，电缆由接地的金属隔板隔开，这种走线方式通常用于墙上装有很多插座的小楼层区。

2）墙上走线

对于已建好的没有预留走线通道的大楼，可考虑在墙上布线，通常是沿墙根走线，利用 B 形夹子将线缆固定住。

3）地板导管走线

金属导管固定在地板上，盖板紧固在导管基座上，电缆在金属导管内。这种走线方式的优点是安装简单快速，适用于办公室环境。

3．干线管槽走线

大型智能建筑中管槽系统的上升部分是管槽系统的主干线路。线缆条数多、容量大且集中，一般利用上升管路、电缆竖井或上升通道来敷设。

1）垂直干线管槽通道

垂直干线管槽通道有电缆孔和电缆井两种方式。

（1）电缆孔方式。

干线通道中所用的电缆孔是很短的管道，通常是用直径 10cm 的刚性金属管做成的。它们嵌在混凝土地板中（这是在浇注混凝土地板时嵌入的），比地板表面高出 2.5～10cm。电缆往往绑在钢绳上，而钢绳又固定到墙上已铆好的金属条上。当接线间上下对齐时，一般采用电缆孔方式。圆形孔洞处应至少安装三根圆形钢管，管径不小于 10cm。

（2）电缆井方式。

电缆井方式是指在每层楼板上开出一些方孔，使电缆可以穿过这些方孔从这层楼伸到另一层楼。电缆井的大小依所用电缆的数目而定，尺寸不小于 300mm×100mm。与电缆孔方式一样，电缆也是绑在支撑用的钢绳上或箍在支撑用的钢绳上，钢绳靠墙上金属条或地板三角架固定。

2）配线干线管槽通道

配线干线管槽通道有吊挂和托架两种方式。

（1）吊挂方式。

在管道干线系统中，金属管道用来安放和保护电缆，管道由吊杆支撑着，一般间距 1m 左右设一对吊杆，如图 4-54 所示。

主干线管道

图 4-54　吊挂方式

在开放式通道和横向干线走线系统中（如穿越地下室），管道对电缆起机械保护作用。管道不仅有防火的优点，而且它提供的密封和坚固的空间使电缆可以安全地延伸到目的地。

（2）托架方式。

托架又称电缆托盘，是铝制或钢制部件，外形像梯子。如果把它搭在建筑物的墙上，就可以供垂直电缆布放；如果把它搭在天花板上，可供配线电缆布放。

使用托架走线槽时，一般间距 1～1.5m 装一个托架，电缆放在托架上，由水平支撑件固定，必要时还要在托架下方安装电缆绞接盒，以保证在托架上方分支或连接，如图 4-55 所示。托架方式最适合电缆数目较多的情况。

电缆绞接盒

电缆托架

电缆

图 4-55　托架方式

依据各种线缆分布设计，结合建筑物的性质、功能、特点和要求及建筑结构条件等设置与制备管道与槽道，是建筑基础设施的重要内容，是土建设计和施工不可分割的一部分，管槽设置最好与建筑同步设计和同时施工。

暗敷管路槽道设计中，须预先留有的敷设位置和洞孔规格及数量，都涉及建筑设计和施工。因此，综合布线系统方案确定后，必须及早向建筑设计单位提出，以便在土建设计

⑦ 楼层弱电间（电信间）或弱电竖井内钢筋混凝土楼板上，应按竖向导管的根数及规格预留楼板孔洞或预埋外径不小于 89mm 的竖向金属套管群。

⑧ 导管的连接宜采用专用附件。

（9）槽盒的直线连接、转角、分支及终端处宜采用专用附件连接。

（10）在明装槽盒的路由中设置吊架或支架时，宜设置在下列位置。

① 直线段不大于 3m 及接头处。

② 首尾端及进出接线盒 0.5m 处。

③ 转角处。

（11）布线路由中每根暗管的转弯角不应多于两个，且弯曲角度应大于 90°。

（12）过线盒宜设置于导管或槽盒的直线部分，并宜设置在下列位置。

① 槽盒或导管的直线路由每 30m 处。

② 有一个转弯，导管长度大于 20m。

③ 有两个转弯，导管长度不超过 15m。

④ 路由中有反向（U 形）弯曲的位置。

（13）导管管口伸出地面部分应为 25～50mm。

二、管道与槽盒设计

1. 管道设计

按线缆布放设计，确定线缆布放管道路径、规格和型号，以及现场成形安装方式（吊顶内、地板下、墙壁内或墙面布管）。

（1）确定管道规格

估算公式为

$$S_0 = (n \times S_n) / [70\% \times (40\% \sim 50\%)]$$

式中，n 表示须在管中布放线缆（同规格）的根数；S_n 表示选用的线缆截面积；S_0 表示要选择的管道截面积；70%表示布线标准规定允许线缆占有管道的空间；40%～50%表示线缆之间浪费的空间。

（2）确定管道端接位置和弯曲位置与弯曲程度。

（3）计算管道及端接件规格与长度，确定选材型号和数量，明确现场制备方式。

（4）画出管道路由施工图，列出用料清单表。

2. 槽盒设计

按线缆布放设计，确定线缆布放槽盒路径、规格和型号，以及现场成形安装方式（吊顶内、地板下、墙壁内或墙面布槽）。

（1）确定槽盒规格。

估算公式为

$$S_0 = (n \times S_n) / [70\% \times (40\% \sim 50\%)]$$

式中，n 表示须在槽盒中布放线缆（同规格）的根数；S_n 表示布放线缆总的截面积；S_0 表示要选择的槽盒截面积；70%表示布线标准规定允许线缆占有槽盒的空间；40%～50%表示线缆之间浪费的空间。

（2）确定槽道（盒）端接位置和槽道弯曲 90°角位置。

（3）计算槽道规格与长度，确定选材型号和数量，明确现场制备方式。

（4）画出槽道路由施工图，列出用料清单表。

3．线缆布放在导管与槽盒内的管径与截面利用率

如果有必要增加电缆孔或电缆井，可利用直径—面积换算表来确定其大小。首先计算线缆所占面积，即每根线缆截面积乘以线缆根数。在确定线缆所占面积后，按管道截面利用率公式就可计算出管径。

（1）管径利用率和截面利用率应按下列公式计算。

$$管径利用率 = d/D$$

式中，d 为线缆外径；D 为管道内径。

$$截面利用率 = A_1/A$$

式中，A_1 为穿在管内的线缆总截面积；A 为管径的内截面积。

（2）弯导管的管径利用率应为 40%～50%。

（3）导管内穿放大对数电缆或 4 芯以上光缆时，直线管路的管径利用率应为 50%～60%。

（4）导管内穿放 4 对对绞电缆或 4 芯及以下光缆时，截面利用率应为 25%～30%。

（5）槽盒内的截面利用率应为 30%～50%。

三、桥架设计

当配线线缆多，管槽不能满足线缆布放需求时，则用桥架来完成配线线缆布放，桥架成形规划设计一般有三种方式。

（1）天花板、房梁吊式。

（2）墙壁三角架支撑式。

（3）地板下暗置式。

无论哪种方式，都要根据配线线缆布放数量、规格、种类进行桥架现场成形设计。

① 按线缆布放设计，确定桥架路径现场成形规格及安装方式。

桥架大小按宽度 b 是净高 h 的两倍设计，桥架横截面积为 $S = b \times h$。

电缆总截面积按照下式计算：

$$S_0 = n_1\pi \times (d_1/2)^2 + n_2\pi \times (d_2/2)^2 + \cdots$$

式中，d_1，d_2…为各粗细不同电缆的直径；n_1，n_2…为相应电缆的根数。

按技术要求，线缆在桥架中一般按占 40% 空间计算，即 $S_0 = S \times 40\%$，则电缆桥架的宽度为 $b = S/h = S_0 / (40\% \times h)$。

② 按设计尺寸选配桥架制备成形材料规格，确定转接接线盒位置。

③ 画出桥架路由施工图。

④ 准备工具与材料，确定桥架连接件规格、数量，列出用料清单表。

四、常用 PVC 槽道规格和穿线数量

槽道内线缆布放填充率应不大于 70%，具体见表 4-21。在槽路连接、转角、分支集中处应采用相应的附件，并保持槽道良好的封闭性。槽垂直或倾斜敷设时，应采用线口固定线缆，以防止线缆在槽内移动。槽道垂直敷设时，其固定间距应不大于 3m。

表 4-21　PVC 槽道内容纳线数及富余量

规 格	容纳线数	富余量	规 格	容纳线数	富余量
20mm×13mm	2 条对绞线	30%	80mm×50mm	50 条对绞线	30%
25mm×13mm	3 条对绞线	30%	100mm×50mm	60 条对绞线	30%
30mm×17mm	6 条对绞线	30%	100mm×80mm	80 条对绞线	30%
40mm×25mm	10 条对绞线	30%	120mm×50mm	90 条对绞线	30%
50mm×27mm	15 条对绞线	30%	120mm×80mm	100 条对绞线	30%
60mm×30mm	22 条对绞线	30%	200mm×160mm	200 条对绞线	30%

五、常用 PVC 管道规格和穿线数量

管道内线缆布放填充率应不大于 70%，见表 4-22。管路较长或有转弯时，应加装管道拉线盒，对两个拉线点（盒）之间的距离有以下要求。

（1）无弯管路，不超过 30m。

（2）两个拉线点之间有一个弯时，不超过 20m。

（3）两个拉线点之间有两个弯时，不超过 15m。

（4）两个拉线点之间有三个弯时，不超过 8m。

PVC 圆管内容纳线数及富余量见表 4-22。

表 4-22　PVC 圆管内容纳线数及富余量

规格	容纳线数	富余量	规格	容纳线数	富余量
15mm	1～2 条对绞线	30%	50mm	12～14 条对绞线	30%
20mm	2～3 条对绞线	30%	65mm	17～42 条对绞线	30%
25mm	4～5 条对绞线	30%	80mm	49～66 条对绞线	30%
32mm	5～6 条对绞线	30%	100mm	67～80 条对绞线	30%
40mm	7～11 条对绞线	30%			

综上所述，管、槽设计步骤如下。

（1）按照线缆布放路由走向设计，设计管、槽路由。

（2）依据线缆布放数量，设计管、槽型号与规格。

（3）估算所用材料数量，明确现场成形制备方式。

（4）如果用吊杆走线槽，则要确定吊杆的数量。

（5）如果不用吊杆走线槽，则要确定托架的数量。

技能练习 14　PVC 线槽与线管成形

进程一：PVC 线槽成形（图 4-56）

（1）裁剪长度为 1m 的 PVC 线槽，制作三个弯角（直角、内角、外角）。

（2）在 PVC 线槽上量出 300mm 并画一条直线（直角成形），测量线槽的宽度为 39mm。

（3）以直线为中心向两边量取 39mm 并画线，确定直角的方向，画一个直角三角形。

（4）用线槽剪刀裁剪出画线的三角形，形成线槽直角弯。

（5）用相同的方法完成其他弯角的成形制作。

（a）测量并画出等腰直角三角形　　　（b）裁剪出画线的三角形　　　　　（c）直角

（d）内角　　　　　　　　　（e）三个角完成后的效果

图 4-56　PVC 线槽成形

进程二：PVC 线管成形（图 4-57）

（1）裁剪长度为 1m 的 PVC 线管，制作直角弯。

（2）在 PVC 线管上量出 300mm 并画一条直线。

（3）用绳子将弯管器绑好，并确定好弯管的位置。

（4）将弯管器插入 PVC 线管内，用力弯曲 PVC 线管。注意控制弯曲的角度。

（5）最终完成 PVC 线管的成形制作。

（a）测量并确定要弯曲的位置　　　　　　（b）弯管成形

图 4-57　PVC 线管成形

学习任务
八

供电电源与防护设计

学习目的：

　　掌握综合布线系统供电电源及防护设备设计，了解设计方法，会安装室内外电源及防护设备

综合布线系统应设专用的供电线路，提供稳定可靠的电源，电源设计要考虑到系统扩

展、升级等可能性，应预留备用电容量。

综合布线系统的负载等级，应按照现行国家标准《供配电系统设计规范》的规定进行设计。设备间和机房的电力负荷等级的选定，应考虑到建筑物的使用性质、重要程度、工作特点及通信安全要求等因素。

一般建筑物中的程控电话交换机和计算机主机处于同一类型的电力负荷等级，采用统一的供电方案。综合布线系统工程施工对象多为多层建筑物，依据相关规范，消防设备用电，弱电机房及设备间用电，客梯电力，主要办公室、会议室、值班室、档案室及主要通道照明用电应为一级负荷；其他重要场所的电力和照明用电为二级负荷；剩余的为三级负荷。综合布线电力系统包括计算机配电系统、网络设备配电系统、辅助设备系统及市电辅助系统。

 中心机房供电电源设计

中心机房要采取专用低压馈电线路供电，为了便于维护管理和保证安全运行，机房内一般设置专用动力配电柜。

机房配电系统应按计算机设备、空调系统、其他系统分别专线供电，机房内空调系统及其他负载不得由主机电源和不间断电源供电，但应受主机房内电源切断开关的控制。各分线供电电路应安装无熔断自动跳闸开关，且容量应大于各分支电路无熔断开关全部容量之和，主机、磁盘机、磁带机等主要设备应使用单独的分线开关及插座，有条件的主机房宜设置专用动力配电箱。主机房内活动地板下部的低压配电线路宜采用铜芯屏蔽导线或铜芯屏蔽电缆，电源线应尽可能远离计算机信号线，避免并排敷设，当不能避免时应采用相应的屏蔽措施。

计算机机房负载分为主设备负载和辅助设备负载。主设备负载指计算机及网络系统、计算机外部设备及机房监控系统，这部分供配电系统称为计算机设备供配电系统（图 4-58）。其供电质量要求非常高，应采用 UPS 保证供电的稳定性和可靠性。辅助设备负载指空调设备、动力设备、照明设备、测试设备等，其供配电系统称为辅助设备供配电系统（图 4-59），由市电直接供电。在图 4-58 和图 4-59 中，ATS 表示自动切换开关。

图 4-58　计算机设备供配电系统

图 4-59　辅助设备供配电系统

机房内的电气施工应选择优质电缆、线槽和插座。插座应分为市电、UPS 及主要设备专用的防水插座，并注明易区分的标志。照明应选择机房专用的无眩光高级灯具。

机房供配电系统是机房安全运行的动力保证，往往采用机房专用配电柜，保证机房供配电系统的安全、合理。

机房一般采用市电、发电机双回路供电，发电机作为主要的后备动力电源。

电源进线采用电缆或封闭母线，双路电源切换柜、馈线柜并排安装于配电室。配电系统采用集中控制，以便于管理计算机设备用电。

项目二　**布线系统防护设计**

一、电磁防护

综合布线系统选择线缆和配线设备时，应根据用户要求，并结合建筑物的环境状况进行考虑。当建筑物在建或已建成但尚未投入运行时，为确定综合布线系统的选型，应测定建筑物周围环境的电磁干扰场强，确定系统与其他干扰源之间的距离是否符合规范要求。非屏蔽（UTP）铜缆布线只适宜电磁干扰场强低于 3V/m 的区域，电磁干扰场强高于 3V/m 的区域或用户对电磁兼容性有效高要求时，应采用屏蔽铜缆或光缆布线。

综合布线系统与其他干扰源的间距，应符合 GB 50311—2016 的规定。

综合布线电缆与附近可能产生高电平电磁干扰的电动机、电力变压器、射频应用设备等电气设备之间应保持一定距离，与电力电缆的间距应符合表 4-23 的要求。

表 4-23　综合布线电缆与电力电缆的间距

类　别	与综合布线接近状况	最小间距（mm）
380V 电力 电缆＜2kV·A	与线缆平行敷设	130
	有一方在接地的金属槽盒或钢管中	70
	双方都在接地的金属槽盒或钢管中	10 注

类　　别	与综合布线接近状况	最小间距（mm）
380V 电力电缆 2KV·A～5kV·A	与线缆平行敷设	300
	有一方在接地的金属槽盒或钢管中	150
	双方都在接地的金属槽盒或钢管中	80
380V 电力电缆 >5kV·A	与线缆平行敷设	600
	有一方在接地的金属槽盒或钢管中	300
	双方都在接地的金属槽盒或钢管中	150

注：双方都在接地的槽盒中，系指两个不同的线槽，也可在同一线槽中用金属板隔开，且平行长度不大于 10m。

室外墙上敷设的综合布线管线与其他管线的间距应符合表 4-24 的规定。

表 4-24　综合布线管线与其他管线的间距

其他管线	最小平行净距（mm）	最小垂直交叉净距（mm）
防雷专设引下线	1000	300
保护地线	50	20
给水管	150	20
压缩空气管	150	20
热力管（不包封）	500	500
热力管（包封）	300	300
燃气管	300	20

二、防静电地板

防静电主要指及时消除机房内部各处产生的静电荷，防止静电积聚危害电子设备及人身安全，避免引发意外事故。机房均应采用防静电地板，通过接地泄放静电荷。防静电地板的种类较多，其材料分为铝合金、全钢、复合木质刨花板等。

防静电地板主要由板面和地板支承系统两部分组成。

主要规格为 600mm×600mm。机房防静电地板敷设高度为 0.3m。在安装防静电地板的过程中，在地板与墙面交界处，须精确切割下料。切割边须进行封胶处理后安装。地板安装后，用铝塑板踢脚板压边装饰。沿机房四边墙线用 20mm×4mm 扁钢或直径 6mm 钢筋将防静电地板金属支撑管脚做多点重复接地焊接。

三、电气保护

室外电缆进入建筑物时，通常在入口处经过一次转接进入室内，在转接处应加装电气保护设备，避免因电缆受到雷击产生感应电势或与电力线路接触而损坏用户设备。

1. 过压保护

综合布线系统的过压保护可选用气体放电管保护器或固态保护器。气体放电管保护器通过放电间隙来限制导体和地之间的电压。放电间隙由黏在陶瓷外壳内密封的两个金属电柱形成，其中充有惰性气体。当两个电极之间的电位差超过交流 250V 或雷电浪涌电压超过 700V 时，气体放电管出现电弧，为导体和地电极之间提供一条导电通路。固态保护器适用于较低的击穿电压（60～90V），而且其电路中不能有振铃电压。它利用电子电路将过量的有害电压释放至地，而不影响电缆的传输质量。固态保护器是一种电子开关，在未达到击穿电压前，可进行稳定的电压箝位；一旦超过击穿电压，它便将过电压引入地。固态保护器可为综合布线提供良好的保护。

2. 过流保护

综合布线系统除了采用过压保护外，还同时采用过流保护。过流保护器串联在线路中，当线路发生过流时，就切断线路。为了维护方便，过流保护一般都采用有自动恢复功能的保护器。

3. 浪涌保护

GB 50311—2016 第 8.0.10 条为强制执行条款，其中规定：当电缆从建筑物外面进入建筑物时，应选用适配的信号线路浪涌保护器。

四、防火保护

综合布线系统工程设计中，应注意布线通道的防火防保。

建筑物的易燃区域或电缆竖井内，综合布线系统所有的电缆或光缆都要采用阻燃护套。如果这些线缆是穿放在不可燃的管道内，或在每个楼层均采取了切实有效的防火措施（如用防火堵料或防火板堵封严密），可以不设阻燃护套。

在电缆竖井内或易燃区域中，所有敷设的电缆或光缆宜选用防火、防毒的产品。万一发生火灾，因电缆或光缆具有防火、低烟、阻燃或非燃等性能，不会或很少散发有害气体，对于救火人员和疏散人流都比较有利。目前采用的有低烟无卤阻燃型（LSHF-FR）、低烟无卤型（LSOH）、低烟非燃型（LSNC）、低烟阻燃型（LSLC）等多种产品。此外配套的接续设备也应采用阻燃型材料和结构。如果电缆和光缆穿放在钢管等非燃性管材中，如不是主要部分可考虑采用普通外护层。若是重要布线段落且是主干线缆，考虑到火灾发生后钢管受到烧烤，管材内部形成高温空间会使线缆护层发生变化或损伤，也应选用带有防火、阻燃护层的电缆或光缆，以保证通信线路安全。除主材选择非燃性或难燃性材料外，其他材料尽可能选择难燃性材料。另外，所有的木质隐蔽部分均应做防火处理。机房装修材料要选择无毒、无刺激性、不燃、难燃、阻燃材料。

设备机房应设二氧化氮灭火系统、火灾自动报警系统，并应符合国家标准《火灾自动报警系统设计规范》和《计算机场地安全要求》的规定。中心机房宜采用感烟探测器，当设有固定灭火系统时，应采用感烟、感温两种探测器的组合，在吊顶的上、下方及活动地板下，均应设置探测器和喷嘴。主机房出口应设置向疏散方向开启且能自动关闭的门，并应保证在任何情况下都能从机房内打开。机房内的电源切断开关应靠近工作人员的操作位置或主要出入口。机房内存放记录介质应采用金属柜或其他能防火的容器。

五、防雷保护

综合布线电缆和相关连接硬件接地是提高系统可靠性、抑制噪声、防雷电、保障安全的重要手段，设计人员、施工人员在进行布线设计与施工前，都必须对所有设备特别是应用系统设备的接地进行认真研究，弄清接地要求及各类地线之间的关系。如果接地系统处理不当，将会影响系统设备的稳定性，引起故障，甚至会烧毁系统设备，危及操作人员生命安全。

1. 设备接地

综合布线系统设备接地，按不同作用分为直流工作接地、交流工作接地、安全保护接地、防雷保护接地、防静电接地及屏蔽接地等。接地系统以接地电流易于流动为目标，接地电阻越小越好。防雷保护接地，是指在雷雨季节为防止雷电过电压而采取的保护接地。

2. 联合接地

联合接地也称单点接地，即所有接地系统共用同一个"地"。当综合布线采用联合接地时，一般利用建筑物基础内钢筋网作为自然接地体，其接地电阻应小于 1Ω。在实际应用中通常采用联合接地，因为与分散接地相比，联合接地具有以下几个显著的优点：当建筑物遭受雷击时，楼层内各点电位分布比较均匀，工作人员及设备的安全能得到较好的保障；大楼的框架结构对中波电磁场能提供 $10\sim40$dB 的屏蔽效果；容易获得较小的接地电阻；可以节约金属材料，占地少。

（1）接地线。

接地线是指综合布线系统各种设备与接地母线之间的连线。所有接地线均为铜质绝缘导线，其截面积应不小于 4mm^2。当综合布线系统采用屏蔽电缆布线时，信息插座的接地可利用电缆屏蔽层作为接地线连至每层的配线柜；当综合布线的电缆采用钢管或金属线槽敷设时，钢管或金属线槽应保持连续的电气连接，并应在两端具有良好的接地。

（2）接地母线（接地端子）。

接地母线是配线子系统接地线的公用中心连接点。每一层的楼层配线柜均应与本楼层接地母线相焊接，与接地母线同一配线间的所有综合布线用的金属架及接地干线均应与该接地母线相焊接。接地母线均应为铜母线，其最小尺寸应为 $6\text{mm}\times50\text{mm}$（厚×宽），长度视工程实际需要而定。接地母线应尽量采用电镀锡以减小接触电阻。

（3）接地干线。

接地干线是由总接地母线引出连接所有接地母线的接地导线。在进行接地干线的设计时，应充分考虑建筑物的结构形式、建筑物的大小，以及综合布线的路由与空间配置，并与综合布线电缆干线的敷设相协调。接地干线应安装在不易受物理和机械损伤之处。建筑物内的水管及金属电缆屏蔽层不能作为接地干线使用。当建筑物中使用两个或多个垂直接地干线时，垂直接地干线之间每隔三层及顶层须用与接地干线等截面的绝缘导线相焊接。接地干线应为绝缘铜芯导线，最小截面积应不小于 16mm^2。当在接地干线上接地电位差大于 1Vr.m.s（有效值）时，楼层配线间应单独用接地干线接至主接地母线。

（4）主接地母线（总接地端子）。

一般情况下，每栋建筑物有一个主接地母线。主接地母线作为综合布线接地系统中接地干线及设备接地线的转接点，其理想位置宜设于外线引入间或建筑配线间。主接地母线应布置在直线路径上，同时从保护器到主接地母线的焊接导线不宜过长。接地引入线、接地干线、直流配电屏接地线、外线引入间的所有接地线，以及与主接地母线同一配线间的所有综合布线用的金属架均应与主接地母线良好焊接。当外线引入电缆配有屏蔽或穿金属保护管时，此屏蔽和金属保护管也应焊接至主接地母线。主接地母线应采用铜母线，其最小截面尺寸为 6mm×100mm（厚×宽），长度视工程实际需要而定。主接地母线也应尽量采用电镀锡以减小接触电阻。

（5）接地引入线。

接地引入线指主接地母线与接地体之间的连接线，宜采用 40mm×4mm 或 50mm×5mm（厚×宽）的镀锌扁钢。接地引入线应做绝缘防腐处理，在其出土部位应有防机械损伤措施，且不宜与暖气管道同沟布放。

（6）接地体。

接地体分自然接地体和人工接地体两种。当综合布线采用单独接地系统时，接地体一般采用人工接地体，距离工频低压交流供电系统的接地体不宜小于 10m，距离建筑物防雷系统的接地体不应小于 2m，接地电阻不应大于 4Ω。

六、接地要求

弱电系统的接地装置应符合下列要求。

（1）当配管采用镀锌电管时，除设计明确规定外，管子与管子、管子与金属盒子连接后不必跨接。管子间采用螺纹连接时，管端螺纹长度不应小于管接头长度的 1/2，螺纹表面应光滑、无锈蚀、无缺损，在螺纹上应涂以电力复合脂或导电性防腐脂，连接后其螺纹宜外露 2～3 扣；管子间采用带有紧定螺钉的套管连接时，螺钉应拧紧；在振动的场所，紧定螺钉应有防松动措施；管子与盒子的连接不应采用塑料纳子，应采用导电的金属纳子；弱电管子内有绝缘线时，每只接线盒都应和绝缘线相连。

（2）当配管采用镀锌电管，设计又规定管子间须跨接时，明敷配管不应采用熔焊跨接，应采用设计指定的专用接线卡跨接；埋地或埋设于混凝土中的电管，不应用接线卡跨接，可采取熔焊跨接；管内穿有裸软绝缘铜线时，电管可不跨接。此绝缘线必须与它所经过的每一只接线盒相连。

（3）配管采用黑铁管时，若设计不要求跨接，则不必跨接；若要求跨接，黑铁管之间及黑铁管与接线盒之间可采用圆钢跨接，且为单面焊接，跨接长度不宜小于跨接圆钢直径的 6 倍；黑铁管与镀锌桥架之间跨接时，应在黑铁管端部焊一只铜螺栓，用截面积不小于 $4mm^2$ 的铜导线与镀锌桥架相连。

（4）当强弱电都采用 PVC 管时，为避免干扰，弱电配管应尽量避免与强电配管平行敷设。若必须平行敷设，相隔距离宜大于 0.5m。

（5）当强弱电用线槽敷设时，强弱电线槽宜分开；当须要敷设在同一线槽时，强弱电之间应用金属隔板隔开。

综合布线工程施工图设计

学习目的：

了解综合布线工程施工图设计的定义、内容与步骤

一、综合布线工程施工图设计的定义与内容

综合布线工程一般采用一阶段设计，即施工图设计。

施工图设计是指根据网络建设需求，按照国家标准 GB 50311—2016《综合布线系统工程设计规范》，设计出综合布线施工方案，包括工程概况，布线路由、预埋细则、电信间机柜布置、设备间机柜布置、缆线成端端接、信息点布置及园区光缆路由和管道布置等施工图纸，各部分的施工详细要求与施工方法，以及工程预算。

二、综合布线工程施工图设计步骤

（1）收集综合布线工程设计所需资料。

收集建筑物图纸和说明，全面了解建筑物规模及楼层数量、结构、用途，明确综合布线系统工程设计要求和设计标准。

（2）确定整体设计方案。

分析用户需求，确定信息点分布方案，依据信息点分布确定工程设计方案，绘制网络系统拓扑图和布线结构图。

（3）确定布线路由，进行系统各部分设计。

分别对工作区子系统、配线子系统、管理子系统、干线子系统、设备间子系统、建筑群子系统及进线间等部分进行设计。

（4）绘制施工图纸。

绘制整体线缆路由图、标准层和其他层布线路由图、设备间与配线间布局图、机柜配线架信息点分布图、线管和线槽及桥架布局路由图。

（5）确定施工方案。

确定线管和线槽及桥架施工方案、电缆布放施工方案、信息点施工方案、机柜与设备施工方案。

（6）列出详细的材料清单，确定具体的工程施工量。

（7）布线产品选型。

（8）确定工程收费标准，编制工程预算。

（9）确定系统测试与验收方案。

（10）确定系统维护要求，编制施工图设计文档。

三、综合布线工程施工图设计文档内容

1．概述

（1）工程概况：楼层数、房间功能、楼宇平面的形状和尺寸、层高、竖井的位置和具体情况等；甲方选定的设备间位置；电话外线的端接点；如果有建筑群子系统，则要说明室外光缆入口；楼宇的典型平面图，图中标明主机房和竖井的位置。

（2）设计目标：阐述布线系统要达到的目标。

（3）设计原则：设计所依据的诸如先进性、经济性、可扩展性、可靠性等原则。

（4）设计标准：包括布线系统设计标准、测试标准和参考的其他标准。

2．总体方案设计

（1）需求分析：列出信息点分布表。

（2）总体方案：包括布线系统的系统图和系统结构的文字描述。

（3）产品选型：3 类、5 类、超 5 类、6 类布线系统的选择，布线产品品牌的选择，屏蔽与非屏蔽的选择，电缆与光缆的选择等。

3．系统设计

（1）工作区设计：描述工作区的器件选配和用量统计。

（2）配线子系统设计：包含信息插座设计和配线缆线设计、楼层配线设备设计和支撑保护设计几部分。

（3）干线子系统设计：包含干线缆线和器件的选配与用量统计等。

（4）建筑群子系统设计：包含建筑群缆线和器件的选配与用量统计等。

（5）管理设计：描述管理标识的材质、规格、信息标注等。

（6）设备间设计：包含设备间、电信间、电源、跳线、接地等内容。

（7）进线间设计。

（8）其他设计：包括防护、接地等的设计。

4．施工方案

给出系统的管槽、缆线、机柜配线架、终端盒施工方案和施工要求。

5．系统测试

给出测试依据、测试模型、测试参数及要求等。

6．系统维护

给出工程完工后须提交的工程技术文档、竣工资料等。

7．附录

（1）综合布线系统材料总清单。

（2）施工图（含系统图、结构图、路由图、楼层信息点分布图等）。

（3）工程预算。

技能练习15　撰写一阶段设计方案

要求为某学校学生宿舍楼群综合布线工程撰写一阶段设计方案。

进程一：撰写概述

某学校要新建学生宿舍楼群。该楼群包含 E、F 两栋结构相同的学生公寓，均为 7 层，一楼为公用设施，从二楼开始每层 21 个房间，计划将来每个房间住 4 个学生，要求每个房间提供比较方便的高速宽带业务和语音通信业务服务。根据上述内容分别写出：

（1）工程范围。

（2）设计目标。

（3）设计原则。

（4）设计依据。

① 相关会议纪要。

② ANSI/TIA/EIA 568A/B《商业大楼通信布线标准》。

③ GB 50311—2016《综合布线系统工程设计规范》。

④ GB 50312—2016《综合布线系统工程验收规范》。

进程二：写出信息点分配方案

（1）需求分析。

（2）总体方案设计思路。

（3）产品选型。

进程三：写出综合布线系统各部分设计方案

（1）工作区设计方案。

（2）配线子系统设计方案。

（3）管理设计方案。

（4）干线子系统设计方案。

（5）设备间设计方案。

（6）建筑群子系统设计方案。

（7）进线间设计方案。

（8）其他设计方案。

（9）用 AutoCAD 或 Visio 绘制以下图纸。

① 网络拓扑结构图。

② 综合布线系统拓扑（结构）图。

③ 综合布线管线路由图。

④ 楼层信息点平面分布图。

⑤ 机柜配线架信息点布局图。

进程四：写出综合布线系统工程施工方案

施工过程必须严格按照操作规程和安全规程进行，防止野蛮施工，以免造成施工质量问题，施工工艺要求如下。

（1）缆线敷设。

（2）机柜和配线架安装。

（3）信息插座安装。

（4）验收测试。

① 光纤信道测试。

② 铜缆信道测试。

本工程须布放超 5 类和 3 类电缆、光缆，安装机柜、配线架和信息插座，成端超 5 类、3 类电缆和多模光缆。工程材料总清单见表 4-25。

表 4-25　工程材料总清单

序号	名称	规格	单位	数量	备注
1	室外光缆	多模 4 芯，铠装	m	745	
2	室内光缆	多模 6 芯	m	480	
3	3 类 25 对电缆		m	360	
4	超 5 类非屏蔽对绞电缆		m	49896	
5	3 类 4 对电缆		m	11844	
6	跳线	RJ45,5m	条	1008	工作区用
7	跳线	RJ45,3m	条	1008	管理用
8	跳线	RJ11,5m	条	252	工作区用
9	跳线	单芯对绞，0.5mm	m	368	管理用
10	管理区设备				
11	机柜	220cm×60cm×60cm	个	2	
12	机柜	180cm×60cm×60cm	个	12	
13	光纤配线架（含熔纤盘）	24 芯，机架式	个	4	
14	光纤配线架（含熔纤盘）	8 芯，机架式	个	12	
15	超 5 类配线架（含理线环）	模块式，24 口	个	48	
16	110 配线架（含背板）	100 对	个	8	
17	110 配线架（含背板）	50 对	个	12	
18	110 模块	5 对	个	240	
19	光耦合器	多膜，ST	个	144	
20	工作区器材				
21	超 5 类模块（含单口面板）	RJ45	个	1008	

模块五

综合布线工程施工技术

施工准备

学习目的：
　　了解施工准备的内容、方法与步骤，会编制综合布线工程施工方案

 熟悉工程设计和施工图纸

　　施工人员应仔细阅读综合布线系统工程设计文件和施工图纸，了解设计内容及设计意图，明确工程所采用的设备和材料及图纸所提出的施工要求，熟悉和工程有关的其他技术资料，如施工及验收规范、技术规程、质量检验评定标准及制造厂提供的资料（包括安装使用说明书、产品合格证和测试记录数据等）。

一、施工场地的准备

　　为了便于管理，施工现场必须设置一些临时场地和设施，如管槽加工制作场、材料和设备储存仓库、现场办公室和现场供电供水等。

　　（1）管槽加工制作场：在管槽施工阶段，根据布线路由实际情况，对管槽材料进行现场切割和加工。

　　（2）仓库：对于规模稍大的综合布线工程，设备材料都有一个采购周期，同时，每天使用的施工材料和施工工具不可能存放到公司仓库，因此必须在现场设置一个临时仓库存放施工工具、管槽、线缆及其他材料。

　　（3）现场办公室：现场施工的指挥场所，配备照明、电话和计算机等办公设备。

二、施工工具的准备

　　（1）室外沟槽施工工具：铁锹、十字镐、电镐和电动蛤蟆夯等。

　　（2）线槽、线管和桥架施工工具：电钻、充电手钻、电锤、台钻、钳工台、型材切割机、手提电焊机、曲线锯、钢锯、角磨机、钢钎、铝合金人字梯、安全带、安全帽、电工工具箱（老虎钳、尖嘴钳、斜口钳、一字旋具、十字旋具、测电笔、电工刀、裁纸刀、剪刀、活络扳手、呆扳手、卷尺、铁锤、钢锉、电工皮带和手套）等。

（3）线缆敷设工具：包括线缆牵引工具和线缆标识工具。线缆牵引工具有牵引索、牵引缆套、拉线转环、滑车轮、防磨装置和电动牵引绞车等；线缆标识工具有手持线缆标识机和热转移式标签打印机等。

（4）线缆端接工具：包括对绞线端接工具和光纤端接工具。对绞线端接工具有剥线钳、压线钳、打线工具；光纤端接工具有光纤磨接工具和光纤熔接机等。

（5）线缆测试工具：简单铜缆线序测试仪、Fluke DTX 系列线缆认证测试仪、光功率计和光时域反射仪等。

三、环境检查

施工前，应现场调查了解设备间、配线间、工作区、布线路由（如吊顶、地板、电缆竖井、暗敷管路、线槽以及洞孔等），特别是对预先设置的管槽要进行检查，看是否符合安装施工的基本条件。

在智能化小区中，除对上述各项条件进行调查外，还应对小区内敷设管线的道路和各幢建筑引入部分进行了解，看有无妨碍施工的问题。总之，工程现场必须具备使安装施工能顺利开展、不会影响施工进度的基本条件。

四、器材检验

通信管道工程所用的器材规格、程式及质量，应在使用之前进行检验，发现问题应及时处理。凡有出厂证明的器材，应按规范进行检验。严禁使用质量不合格的器材。

五、型材、管材与铁件的检验

各种金属件的材质、规格应符合设计文件的规定。表面所做防锈处理应光洁良好，无脱落和气泡等现象，不得有歪斜、扭曲、飞刺、断裂和破损等缺陷。各种管材的管身和管口不得变形，接续配件要齐全有效。各种管材（如钢管、硬质 PVC 管等）内壁应光滑、无节疤、无裂缝，材质、规格、型号及孔径和壁厚应符合设计文件的规定和质量标准。在实际工程中经常存在供应商偷工减料的情况。例如，订购的是 100mm×50mm×1.0mm 的镀锌金属线槽，而供应商提供的是 0.8mm 或 0.9mm 厚的线槽。因此要用千分尺等工具对材料厚度进行抽检。

六、真假对绞电缆检验

1．外观检查

查看标识文字。电缆的塑料包皮上都印有生产厂商、产品型号、产品规格、认证、长度、生产日期等文字，正品印刷的字符非常清晰、圆滑，基本上没有锯齿。假货的印刷质量较差，有的字体不清晰，有的呈严重锯齿状。

查看线对色标。线对中白色线不应是纯白的，而是带有与之成对的那条芯线颜色的花白，这主要是为了方便用户使用时区别线对，而假货通常是纯白色或者花色不明显。

查看线对绕线密度。对绞电缆中的每对线都绞合在一起，正品电缆绕线密度适中且均匀，方向是逆时针，且各线对绕线密度不一。次品和假货通常绕线密度很小且 4 对线的绕线密度可能一样，方向也可能是顺时针，这样制作容易且节省材料，减少了生产成本，所以次品和假货价格非常便宜。

2．与样品对比

为了保障电缆、光缆的质量，在工程的招标和投标阶段可以对厂家所提供的产品样品进行分类封存备案，待厂家大批量供货时，用所封存的样品进行对照，检查样品与批量产品品质是否一致。

3．抽测线缆的性能指标

对绞电缆一般以 305m 为单位包装成箱。最好的性能抽测方法是使用 Fluke 认证测试仪配上整轴线缆测试适配器。整轴线缆测试适配器是 Fluke 公司推出的线轴电缆测试解决方案，可以让用户在线轴中的电缆被截断和端接之前对它的质量进行评估测试。如果没有以上条件，也可随机抽出几箱电缆，从每箱中截出 90m 长的电缆，测试其电气性能指标，从而比较准确地判断电缆质量。

 项目二　编制施工方案

在全面熟悉施工图纸的基础上，依据图纸并根据施工现场情况、技术力量及技术装备情况、设备与材料供应情况，做出合理的施工方案。施工方案的内容主要包括施工组织和施工进度，施工方案要做到人员组织合理，施工安排有序，工程管理有方，同时要明确综合布线工程和主体工程及其他安装工程的交叉配合，确保在施工过程中不破坏建筑物的强度和外观，不与其他工程发生位置冲突，以保证工程的整体质量。

编制施工方案，应坚持统一计划的原则，认真做好综合平衡，力求切合实际，留有余地，遵循施工工序，注意施工的连续性和均衡性。

一、设立施工组织机构

综合布线作为一个独立的系统，在工程项目总体施工部署和管理目标的指导下，形成自身的项目管理方案和目标，按照其预先设计达到相应等级及质量的要求，如期竣工交付业主使用。

布线工程签定合同后，自到工程项目总部（或建设方、监理公司）《工程施工入场通知单》之日起，应成立综合布线项目部并进入工程现场准备开始施工。

项目部成立后，应做出相应的人员安排（根据现场的实际情况，如工程项目较小，可一人承担两项或三项工作）。

项目经理：具有大型综合布线系统工程项目的管理与实施经验，监督整个工程项目的实施，对工程项目的实施进度负责；负责协调解决工程项目实施过程中出现的各种问题；负责与业主及相关人员的协调工作。

技术人员：要求具有丰富的工程施工经验，将项目实施过程中出现的进度、技术等问题，及时上报项目经理。熟悉综合布线系统的工程特点、技术特点及产品特点，并熟悉相关技术执行标准及验收标准，负责协调系统设备检验与工程验收工作。

质量、材料员：要求熟悉工程所需的材料、设备规格，负责材料、设备的进出库管理和库存管理，保证库存设备的完整性。

安全员：要求具有很强的责任心，负责日常安全防范及库存设备与材料安全。

资料员：负责日常工程资料整理（图纸、洽商文档、监理文档、工程文件、竣工资料等）。

施工班组人员：承担工程施工生产，应具有相应的施工能力和经验。

如图 5-1 所示为典型的布线施工组织结构。

图 5-1　典型的布线施工组织结构

二、组织施工

熟悉工程状况后，项目部成员应进行任务分工，做到责任到人，同时还应发扬相互协作精神，严格按照各项规章制度、工作流程开展工作。

（1）准备施工机械设备，主要包括电钻、电锤、切割机、网络测试仪、线缆端接工具、光纤熔接机、测试仪等。

（2）熟悉综合布线设计文件，掌握系统设计要点，熟悉施工图纸。

（3）制订工程实施方案，工程实施方案由项目经理负责组织，设计人员负责完成。应根据整体工程进度，编制综合布线工程施工组织设计方案和施工进度计划表。

（4）工程材料进场。应根据施工进度计划表，将设备、材料分批次采购进场并组织相关人员（业主、监理公司）检验。检验合格后应形成业主或监理公司签收的书面文件，作为工程结算的文件之一。

（5）工程实施，由项目经理负责组织，由工程技术组、质量管理组、施工班组完成。

在整个实施过程中，以控制工程质量为主，以控制工程进度为辅，不断督导检查，以执行标准为设计依据，以工程验收标准为检验依据，保证工程顺利完成，直至工程竣工验收。

三、工程项目的组织协调

一个建筑施工项目可能涉及几十家施工单位，矛盾是不可避免的。协调作为项目管理的重要工作，必须有效解决各种分歧和施工冲突，使各施工单位齐心协力，保证项目的顺利实施，以达到预期的工程建设目标。协调工作主要由项目经理完成，技术人员辅助。

综合布线项目协调的内容大致包括以下几个方面。

（1）相互配合的协调，包括其他专业的施工单位、业主、监理公司、设计公司或咨询公司等在配合关系上的协调。例如，与其他施工单位协调施工次序、线管和线槽的路由走向，或避让强电线槽、线管及其他会造成电磁干扰的机电设备等。与业主、监理公司协调工程进度款的支付、施工进度的安排、施工工艺要求、隐蔽工程验收等。与设计公司或咨询公司协调技术变更等。

（2）施工供求关系的协调，包括工程项目实施中所需要的人力、工具、资金、设备、材料、技术的供应，主要通过协调解决供求平衡问题。应根据工程施工进度计划表组织施工，安排相应数量的施工班组人员及相应的施工工具，安排生产材料的采购，解决施工中遇到的技术或资金问题等。

（3）项目人际关系的协调，包括与工程总包方、弱电总包方、其他专业施工单位和业主的人际关系，主要解决人员之间在工作中产生的联系或矛盾。

（4）施工组织关系的协调，主要协调综合布线项目内部技术、质量、材料、安全、资料等。

四、工程施工工作流程

1. 安装水平线槽。
2. 铺设穿线管。
3. 安装信息插座暗盒。
4. 安装竖井桥架。
5. 连接水平线槽与竖井桥架。
6. 铺设水平 UTP 电缆。
7. 铺设垂直主干大对数电缆、光缆。
8. 安装工作区模块面板。
9. 安装各个配线间机柜。
10. 楼层配线架线缆端接。
11. 楼层配线架大对数电缆端接。
12. 综合布线主机房大对数电缆端接。
13. 安装光纤配线架。
14. 光纤熔接。
15. 系统测试（水平链路测试、大对数电缆和光缆测试）。
16. 自检合格（成品保护）。
17. 验收（竣工资料、竣工图纸）。

五、施工安装与管理要点

安装水平线槽，铺设穿线管，安装信息插座暗盒和竖井桥架，连接水平线槽与竖井桥架时，应注意工艺要求（如确保线缆铺设时线槽、线管连接紧密、牢靠，管道内无毛刺等），熟悉相关标准（如强弱电线槽、线管、暗盒应保持 30cm 距离并应做好接地等）。

铺设水平 UTP 电缆、垂直主干大对数电缆、光缆时应做好线缆两头的标记，布放线缆时不能超过线缆牵引力范围，应有冗余。在楼层配线间 UTP 电缆预留长度一般为 3～6m，工作区为 0.3～0.6m；光缆在设备端预留长度一般为 5～10m；有特殊要求的应按设计要求预留长度。在同一线槽内包括绝缘在内的导线截面积总和应不超过内部截面积的 40%。线缆的布放应平直，不得产生扭绞、打圈等现象，不应受到外力的挤压和损伤。电缆桥架内线缆垂直敷设时，线缆的上端和每间隔 1.5m 处应固定在桥架的支架上；水平敷设时，直接部分间隔 3～5m 处应设固定点。在线缆距离首端、尾端、转弯中心点 300～500mm 处应设置固定点。

安装工作区模块面板、楼层配线架线缆端接、楼层配线架大对数电缆端接、综合布线主机房大对数电缆端接时，应制作连接端口标签。在端接线缆时应对机柜进行整体规划，合理安排数据、语音配线架及过线槽的安装位置。线缆应布放整齐并捆扎牢固，端接时要遵照不同类别布线系统的要求，打开线缆对绞长度不应超出标准要求。

管槽敷设与机柜安装

学习目的：
　　了解综合布线工程管槽敷设和机柜安装技术要求，会按照施工图进行管槽敷设与机柜安装

按照施工图安装的管槽系统应做到横平竖直，弹线定位。根据施工图确定的安装位置，从始端到终端（先垂直干线定位，后水平干线定位）找好水平或垂直线，用墨线袋沿线路中心位置弹线。

一、金属管敷设要求

（1）预埋在墙体中暗管的最大管外径不宜超过 50mm，楼板中暗管的最大管外径不宜超过 25mm，室外管道进入建筑物的最大管外径不宜超过 100mm。

（2）直线布管每 30m 处应设置过线盒。

（3）暗管的转弯角度应大于 90°，在路径上每根暗管的转弯角不得多于两个，并不应有 S 弯出现，有转弯的管段长度超过 20m 时，应设置管线过线盒；有两个弯时，不超过 15m 应设置过线盒。

（4）暗管管口应光滑，并加有护口保护，管口伸出部位宜为 25～50mm。

（5）至楼层电信间暗管的管口应排列有序，便于识别与布放线缆。

（6）暗管内应安置牵引线或拉线。

（7）金属管明敷时，在距接线盒 300mm 处、弯头处的两端、每隔 3m 处应采用管卡固定。

（8）管路转弯半径不应小于所穿入线缆的最小允许弯曲半径，并且不应小于该管外径的 6 倍；暗管外径大于 50mm 时，不应小于 10 倍。

（9）光缆与电缆同管敷设时，应在暗管内预置塑料子管，将光缆敷设在子管内，使光缆和电缆分开布放。子管的内径应为光缆外径的 2.5 倍。

二、金属槽盒安装要求

（1）线槽的规格尺寸、组装方式和安装位置均应遵照设计规定和施工图的要求。线缆桥架底部应高于地面 2.2m 或以上，顶部距建筑物楼板不宜小于 300mm，与梁及其他障碍物交叉处间的距离不宜小于 50mm。

（2）线缆桥架水平敷设时，支撑间距宜为 1.5～3m。垂直敷设时固定在建筑物结构体上的间距宜小于 2m，距地 1.8m 以下部分应加金属盖板保护，或采用金属走线柜包封，门应可开启。

（3）直线段线缆桥架每超过 15～30m 或跨越建筑物变形缝时，应设置伸缩补偿装置。

（4）金属线槽敷设时，在下列位置应设置支架或吊架：线槽接头处，每间隔 3m 处，离开线槽两端出口 0.5m 处，转弯处。吊架和支架安装应保持垂直，整齐牢固，无歪斜现象。

（5）线缆桥架和线缆线槽转弯半径不应小于槽内线缆的最小允许弯曲半径，线槽直角弯处最小弯曲半径不应小于槽内最粗线缆外径的 10 倍。

（6）桥架和线槽穿过防火墙体或楼板时，线缆布放完成后应采取防火封堵措施。

（7）线槽安装位置应符合施工图规定，左右偏差不应超过 50mm，线槽水平度偏差每米不应超过 2mm。垂直线槽应与地面保持垂直，无倾斜现象，垂直度偏差每米不应超过 3mm。

（8）线槽之间用接头连接板拼接，螺钉应拧紧。两线槽拼接处水平偏差不应超过 2mm。

（9）盖板应紧固，并且要错位盖槽板。

（10）线槽截断处及两线槽拼接处应平滑，无毛刺。

（11）金属桥架、线槽及金属管各段之间应保持连接良好，安装牢固。

（12）采用吊顶支撑柱布放线缆时，支撑点宜避开地面沟槽和线槽位置，支撑应牢固。

（13）吊顶支撑柱中电力线和综合布线线缆一起布放时，中间应用金属板隔开，间距应符合设计要求。

（14）当综合布线线缆与大楼弱电系统线缆采用同一线槽或桥架敷设时，子系统之间应采用金属板隔开，间距应符合设计要求。

三、金属槽盒预埋要求

（1）在建筑物中预埋线槽，宜按单层设置，每一路由进出同一过路盒的预埋线槽均不应超过 3 根，线槽截面高度不宜超过 25mm，总宽度不宜超过 300mm。线槽路由中若包括过线盒和出线盒，截面高度宜在 70～100mm 范围内。

（2）线槽直埋长度超过 30m 或在线槽路由交叉、转弯时，宜设置过线盒，以便于布放线缆和维修。

（3）过线盒盒盖应能开启，并与地面齐平，盒盖应具有防灰与防水功能。

（4）过线盒和接线盒盒盖应能抗压。

（5）从金属线槽至信息插座模块接线盒间或金属线槽与金属钢管之间相连接时，线缆宜采用金属软管敷设。

四、网络地板下槽盒的安装要求

（1）线槽之间应沟通。

（2）线槽盖板应可开启。

（3）主线槽的宽度宜在 200～400mm，支线槽宽度不宜小于 70mm。

（4）可开启的线槽盖板与明装插座底盒间应采用金属软管连接。

（5）地板块与线槽盖板应抗压、抗冲击和阻燃。

（6）当网络地板具有防静电功能时，地板整体应接地。

（7）网络地板板块间的金属线槽段与段之间应保持良好导通并接地。

（8）在架空活动地板下敷设线缆时，地板内净高应为 150～300mm。若空调采用下送风方式，则地板内净高应为 300～500mm。

五、PVC 槽盒安装要求

PVC 线槽有 4 种安装方式：在天花板吊顶内采用吊杆或托架敷设，在天花板吊顶外采用托架敷设，在天花板吊顶外采用托架加配固定槽敷设，在墙面上明装。

采用托架时，一般每隔 1m 左右安装一个托架。

采用固定槽时，一般每隔 1m 左右安装一个固定点。固定点用于固定线槽，根据线槽的大小来设置。25mm×20mm～25mm×30mm 的槽，一个固定点应有 2～3 个固定螺钉并水平排列。25mm×30mm 以上的槽，一个固定点应有 3～4 个固定螺钉，呈梯形分布，使线槽受力点分散。

除了固定点外，应每隔 1 m 左右钻两个孔，用对绞线穿入，待布线结束后，把所布的对绞线捆扎起来。

在墙面明装 PVC 线槽时，线槽固定点间距一般为 1m，有直接向水泥中钉螺钉和先打塑料膨胀管再钉螺钉两种固定方式。

配线干线、垂直干线布槽的方法是一样的，区别在于一个是横布槽，一个是竖布槽。当配线干线与工作区交接处不易施工时，可采用金属软管（蛇皮管）或塑料软管连接。

六、信息插座安装要求

信息插座的具体数量和装设位置及规格、型号应根据设计规定来配备和确定。接线模块等连接硬件的型号、规格和数量，都必须与设备配套，做到连接硬件正确安装，线缆连接区域划界分明。信息插座应有明显的标志，可以采用颜色、图形和文字符号来表示所接终端设备的类型，以便于维护与管理。

在新建的智能建筑中，信息插座宜与暗敷管路系统配合，信息插座盒体采用暗装方式，在墙壁上预留洞孔，将盒体埋设在墙内，综合布线施工时加装接线模块和插座面板即可。在已建成的建筑物中，信息插座可根据具体环境条件采取明装或暗装方式。

信息插座底座、接线模块与面板应安装牢固，无松动现象；信息插座底座的固定方法应视现场施工的具体条件而定，可采用膨胀螺钉、射钉等；设备表面的面板应保持在一个水平面上，做到美观整齐。

安装在地面上或活动地板上的地面信息插座如图 5-2 所示，它由接线盒体和插座面板两部分组成。插座面板有直立式（面板与地面成 45°，可以倒下成平面）和水平式等几种。线缆连接固定在接线盒体内的装置上，接线盒体埋在地面下，其盒盖面与地面平齐，可以开启，要求必须有严密防水、防尘和抗压功能。在不使用时，插座面板应与地面齐平，不得影响人们的日常行动。

1—铜缆专用型底盒；2—盖板；
3—铜缆专用型金属支架；4—信息框架/空白框架

图 5-2   开启式三口地面信息插座

安装在墙上的信息插座，其位置宜高出地面 300mm 左右。如果房间地面采用活动地板，信息插座应离活动地板表面 300mm。如图 5-3 所示为安装在墙上的墙面信息插座。

图 5-3   墙面信息插座

七、标准 19 英寸机柜安装要求

机柜数量规划应计算配线设备、网络设备、电源设备及理线等设施的占用空间，并考虑设备安装空间冗余和散热需要。

机柜单排安装时，前面净空不应小于 1000mm，后面及机列侧面净空不应小于 800mm；多排安装时，列间距不应小于 1200mm。

在公共场所安装配线箱时，暗装式箱体底面距地面不宜小于 1.5m，明装式箱体底面距地面不宜小于 1.8m。

机柜、机架、配线箱等设备的安装宜采用螺栓固定。在抗震设防地区，设备安装应采取减震措施，并应进行基础抗震加固。

机柜与设备的排列布置、安装位置和设备朝向都应符合设计要求，并应符合实际测定后的机房平面布置图中的要求。

机柜安装完工后，垂直偏差度不应大于 3mm。若厂家规定高于这个标准，其水平度和垂直度都必须符合厂家的规定。

机柜和设备上各种零件不应脱落或损坏，表面漆面如有损坏或脱落，应予以补漆。各种标志应统一、完整、清晰、醒目。

机柜和设备必须安装牢固。有抗震要求时，应根据设计规定或施工图中的防震措施要求进行抗震加固。各种螺钉必须拧紧，无松动、缺少、损坏或锈蚀等缺陷，机柜更不应有摇晃现象。

机柜、设备、金属钢管和槽道的接地装置应符合设计、施工及验收规范，并保持良好的电气连接。所有与地线连接处应使用接地垫圈，垫圈尖角应对铁件，刺破其涂层。只允许一次装好，以保证接地回路畅通，不得将已用过的垫圈取下重复使用。

建筑群配线架或建筑物配线架如采用单面配线架的墙上安装方式，要求墙壁必须坚固牢靠，能承受机柜重量，机柜柜底距地面宜为 300～800mm，或视具体情况而定。其接线端子应按电缆用途划分连接区域以方便连接，并设置标志以示区别。

🔍 技能练习 16　机柜及设备安装

进程一：准备工作

（1）完成机柜及设备选型与布置，绘制施工图。

（2）准备 42U 立式机柜或 12U 壁挂式机柜。

（3）准备螺丝刀、M6 螺栓等。

进程二：确定操作步骤

1. 按设计图纸完成机柜选型并确定机柜位置

（1）确定机柜内安装标准设备的数量和机柜容量。

（2）考虑设备散热量，每个机柜内应该留 1～3U 的空间，以利于散热、接线和检修。

（3）机柜必须远离配电箱，四周保证有 1m 的通道和检修空间。

2. 安装立式机柜

确定机柜位置后，实际测量尺寸，将机柜就位。然后将机柜底部的定位螺栓向下旋转，将四个轱辘悬空，保证机柜不能转动，接入电源，连接机柜内风扇。

进线间/设备间（BD）：方块螺钉配螺母 20 套，理线架 2 个，超 5 类模块式配线架 1 个，100 对 110 语音配线架 1 个，光纤配线架 1 个（含耦合器与尾纤），综合布线工具箱 1 个，110—110 跳线 1 条，110—RJ45 跳线 1 条，光纤跳线 1 条。

3. 安装壁挂式机柜

壁挂式机柜一般安装在墙面上，必须避开电源线路，高度在 2.5m 以上。安装前，现场用纸板比对机柜上的安装孔，做一个样板，按照样板孔的位置在墙面上开孔，安装 4 个膨胀螺栓，然后将机柜安装在墙面上，引入电源。

电信间（FD）：方块螺钉配螺母 28 套，24 口交换机 1 台，理线架 3 个，超 5 类固定式配线架 1 个，100 对 110 语音配线架 1 个，综合布线工具箱 1 个，光纤配线架 1 个（含耦合器与尾纤），光纤熔接机 1 台，光纤熔接工具箱 1 个，110—RJ45 跳线 1 条，光纤跳线 1 条。

进程三：操作练习

确定好须安装的设备和安装的位置、间隔，采用一字螺丝刀，将方块螺母卡接在 U 条的相应孔位上，如图 5-4 所示。应确保方块螺母安装稳固、不易脱落。

图 5-4　安装方块螺母

进线间/设备间自上而下安装超 5 类模块式配线架、理线架、110 配线架、理线架、光纤配线架。采用与方块螺母配套的螺钉将设备拧紧即可，各种零件不得脱落和碰坏。

电信间自上而下安装 24 口交换机、理线架、超 5 类固定式配线架、理线架、110 配线架、理线架、光纤配线架。采用与方块螺母配套的螺钉将设备拧紧即可，各种零件不得脱落和碰坏。

进线安装如图 5-5 所示。

图 5-5　进线安装

交换机的安装如图 5-6 所示。

图 5-6　交换机的安装

对绞电缆的敷设

学习目的：
　　了解对绞电缆敷设技术要求，掌握对绞电缆敷设方法与步骤

　　布放线缆之前，应对线缆经过的所有路由进行槽道检查，清除槽道连接处的毛刺和突出尖锐物，除去槽道里的铁屑、小石块、水泥碴等物品，保证槽道畅通。

　　布放线缆的过程中，应坚持文明施工。在槽道中敷设线缆应采用人工牵引，牵引速度要慢，不宜猛拉紧拽，以防止线缆外护套产生磨、刮、蹭、拖等损伤。不要在布满杂物的地面上大力抛摔和拖放电缆；禁止踩踏电缆；布线路由较长时，要多人配合平缓地移动，在转角处应安排人值守理线；线缆的布放应自然平直，不得产生扭绞、打圈、接头等现象，不应受外力的挤压和损伤。

　　线缆布放后，为了准确核算线缆用量，充分利用线缆，对每箱线缆从第一次放线起，做一个放线记录表（表 5-1）。线缆上每隔两英尺有一个长度标记，一箱线长 1000 英尺（305m）。每个信息点放线时记录开始处和结束处的长度，这样对本次放线的长度和线箱中剩余线缆的长度就能一目了然，同时能将线箱中剩余线缆布放至合适的信息点。放线记录表一般采用专用的记录纸张，简单的做法是写在包装箱上。

表 5-1　放线记录表

线箱号码		起始长度		线缆总长度	
序号	信息点名称	起始长度	结束长度	使用长度	线缆剩余长度

项目一　对绞电缆敷设技术

一、敷设要求

1. 对绞电缆转弯时的弯曲半径

非屏蔽 4 对对绞电缆的弯曲半径应至少为电缆外径的 4 倍。

屏蔽 4 对对绞电缆的弯曲半径应至少为电缆外径的 8 倍。

主干对绞电缆的弯曲半径应至少为电缆外径的 10 倍。

2．线缆与其他管线的距离

电缆应尽量远离其他管线，距离要符合表 5-2 中的规定。

敷设线槽和暗管的两端宜用标志表明编号等内容。

预埋线槽宜采用金属线槽，预埋或密封线槽的截面利用率应为 30%～50%。

敷设暗管宜采用钢管或阻燃聚氯乙烯硬质管。布放大对数主干电缆及 4 芯以上光缆时，直线管道的管径利用率应为 50%～60%，弯管道应为 40%～50%。暗管布放 4 对对绞电缆或 4 芯及以下光缆时，管道的截面利用率应为 25%～30%。

表 5-2　通信管道与其他管线的最小净距

其他管线类别		最小平等净距（m）	最小交越净距（m）
给水管	直径≤300mm	0.5	0.15
	直径 300～500mm	1.0	
	直径＞500mm	1.5	
排水管		1.0	0.15
热力管		1.0	0.25
煤气管	压力＜294.20kPa（3kgf/cm²）	1.0	0.30
	压力 294.20～784.55kPa（3～8kgf/cm²）	2.0	
电力电缆	35kV 以下	0.5	0.5

3．拉绳速度和拉力

有经验的安装者会缓慢而又平稳地拉绳，而不是快速拉绳。原因是快速拉绳会造成线缆缠绕或使线缆被绊住。拉力过大，线缆变形，会引起线缆传输性能下降。

当同时布放的线缆数量较多时，应采用线缆牵引，即用一条拉绳或一条软钢丝绳将线缆牵引穿过墙壁管路、天花板和地板管路。牵引时拉绳与线缆的连接点应尽量平滑，要采用电工胶带紧紧地缠绕在连接点外面，以保证平滑和牢固。

拉绳在电缆上固定的方法有拉环、牵引夹和直接将拉绳系在电缆上三种方式。

二、配线（水平）电缆的敷设

1．暗道布线

暗道布线是在浇筑混凝土时已把管道预埋好，管道内有牵引电缆的钢丝或铁丝，安装人员依据管道图纸来了解地板的布线管道系统，确定路径在何处，做出施工方案。

2．吊顶内布线

吊顶内布线是指将电缆敷设在吊顶内。为了减轻吊顶上的压力，可使用 J 形钩、吊索及其他支撑物来支撑电缆。

3．墙壁线槽布线

墙壁线槽布线属于明敷，路由一目了然，施工时应严格按照图纸进行。

在墙壁上布设线槽一般遵循下列步骤：确定布线路由，沿着路由方向放线，线槽每隔

1 m 安装固定螺钉，然后开始布线（布线时线槽容量为 70%），最后盖塑料槽盖，注意应错位盖。

三、主干线缆的敷设

建筑物主干线缆目前大多为光缆，如果采用对绞电缆，对于语音系统，一般是 25 对、50 对或更大对数的对绞电缆，它的布线路由在建筑物设备间到楼层电信间之间。

在新的建筑物中，通常在每一层同一位置都有封一个闭型小房间，称为弱电井或弱电间。在弱电间中有一些方形的槽孔和圆孔，如图 5-7 所示。这些孔从建筑物最高层直通地下室，用来敷设主干线缆。需要注意的是，利用这样的弱电竖井敷设线缆时，必须对线缆进行固定保护，楼层之间要采取防火措施。

对没有竖井的旧式大楼进行综合布线，一般要重新铺设金属线槽作为竖井。

图 5-7　槽孔与圆孔

在竖井中敷设干线电缆有如下两种方法。

（1）向下垂放电缆，相关设备如图 5-8 所示。

（2）向上牵引电缆，如图 5-9 所示。

向下垂放比向上牵引容易，当电缆盘比较容易搬运上楼时，采用向下垂放电缆的方式；当电缆盘过大，不能被搬运至较高楼层时，只能采用向上牵引电缆的方式。

图 5-8　向下垂放电缆所用的设备

图 5-9　用电动牵引机向上牵引电缆

四、对绞电缆连接技术与基本要求

（1）在连接线缆前，必须核对线缆标识内容是否正确。

（2）线缆中间不应有接头。

（3）线缆终接处必须牢固且接触良好。

（4）对绞电缆与连接器件连接应认准线号、线位色标，不得颠倒和错接。

（5）连接时，每对对绞线应保持扭绞状态，线缆剥除外护套长度够端接即可，最大暴露对绞线长度为 40～50mm，扭绞松开长度对于 3 类对绞电缆不应大于 75mm，对于 5 类对绞电缆不应大于 13mm。6 类对绞电缆应尽量保持扭绞状态，减小扭绞松开长度。7 类布线系统采用非 RJ45 方式连接时，连接图应符合相关标准规定。如图 5-10 所示为 5 类对绞电缆开绞长度。

（6）虽然电缆路由中允许转弯，但端接安装中要尽量避免不必要的转弯，通常要求少于三个 90°转弯，在一个信息插座盒中允许有少量电缆转弯及短的（30cm）盘圈。安装注意事项如图 5-11 所示。

图 5-10　5 类对绞电缆开绞长度

图 5-11　电缆安装注意事项

（7）对绞电缆剥掉塑料外护套后，端接时的注意事项如图 5-12 所示。

弯曲时，避免线对发散

无弯曲时，避免线对发散

线对间避免彼此缠绕

避免线对长度
不一致

有张力时，避免
线对分离

线对端接后重新靠在一起

配线架上避免线对缠绕

连接块之间保证6mm的距离

避免线对在外护套内缠绕

图 5-12　对绞电缆端接注意事项

线缆终端应采用卡接方式，施工中不宜用力过猛，以免造成接续模块受损。连接顺序应按线缆的统一色标排列，在模块中连接后的多余线头必须清除干净，以免留有后患。

（8）通信引出端内部连接件应及时进行检查，做好固定线的连接，以保证电气连接完整、牢靠。

（9）线对屏蔽和电缆护套屏蔽层在和模块的屏蔽罩进行连接时，应保证 360°接触，而且接触长度不应小于 10mm，以保证屏蔽层的导通性能。电缆连接以后应进行整理，并核对接线是否正确。对不同的屏蔽对绞线或屏蔽电缆，屏蔽层应采用不同的端接方法。应对编织层或金属箔与汇流导线进行有效的端接。

（10）各种线缆（包括跳线）和接插件间必须接触良好、连接正确，按照管理标识方案统一标记清楚。跳线选用的类型和品种均应符合系统设计要求。

项目二　数据配线架与线缆端接

为了管理方便，配线间的数据配线架和网络交换设备一般都安装在同一个 19 英寸的机柜中。根据楼层信息点标识编号，按顺序安放配线架，并画出机柜中配线架信息点分布图，以便于安装和管理。

　　线缆一般从机柜的底部进入，所以通常配线架安装在机柜下部，交换机安装在机柜上部，也可根据进线方式做出调整。

　　为保持美观和管理方便，机柜正面配线架之间和交换机之间要安装理线架，跳线从配线架面板的 RJ45 端口接出后，通过理线架从机柜两侧进入交换机间的理线架，再接入交换机端口。

　　对于要端接的线缆，先以配线架为单位，在机柜内部进行整理，用扎带绑扎，将冗余的线缆盘放在机柜的底部后再进行端接，使机柜内保持整齐美观，便于管理和使用。

一、固定式配线架的安装

　　将配线架固定到机柜合适位置，在配线架背面安装理线环。

　　从机柜进线处开始整理电缆，电缆沿机柜两侧整理至理线环处，使用扎带固定好电缆，一般 6 根电缆作为一组进行绑扎，将电缆穿过理线环摆放至配线架处。

　　根据每根电缆连接接口的位置，测量端接电缆应预留的长度，然后使用压线钳、剪刀、斜口钳等工具剪断电缆。

　　根据选定的接线标准，将 T568A 或 T568B 标签压入模块组插槽内。

　　根据标签色标排列顺序，将对应颜色的线对逐一压入槽位内，然后使用打线工具固定线对连接，同时将伸出槽位外多余的导线截断，如图 5-13 所示。

　　将每组线缆压入槽位内，然后整理并绑扎固定线缆，如图 5-14 所示。至此，固定式配线架与线缆端接完毕。

打线工具

图 5-13　将线对依次压入槽位内并打压固定

图 5-14　整理并绑扎固定线缆

二、模块式配线架的安装

模块式配线架与 4 对对绞电缆端接如图 5-15 所示。以对角线的形式将固定柱环插到一个配线板孔中去。设置固定柱环，以便柱环挂住并向下形成一定角度以有助于线缆的端接。将线缆放到固定柱环的线槽中去，并按照信息模块的安装过程对其进行端接。最后向右边旋转固定柱环，完成此操作时必须注意方向，以避免将线缆缠绕到固定柱环上。顺时针方向从左边旋转整理好线缆，逆时针方向从右边开始旋转整理好线缆。另一种情况是信息模块固定到配线板上以前，线缆可以被端接在信息模块上。通过将线缆穿过配线板的孔，在配线板的前方或后方完成此操作。

图 5-15　模块式配线架与 4 对对绞电缆端接

技能练习 17　110D 语音配线架与线缆端接

进程一：准备设备与工具

准备 Vcom 110D 语音配线架（图 5-16）、25 对对绞电缆及专用工具。

图 5-16　Vcom 110D 语音配线架

进程二：完成操作

（1）将配线架固定到机柜设计位置，按照图 5-17 所示步骤完成电缆进线、剥护套工作。

（a）把电缆固定在机柜上　　　　（b）剪切电缆外皮　　　　（c）去掉电缆外皮

图 5-17　进线与剥护套

（2）从机柜进线处开始整理电缆，电缆沿机柜两侧整理至配线架处，并留出大约 25cm 电缆，用电工刀或剪刀把电缆的外皮剥去，使用扎带固定好电缆，将电缆穿过语音配线架左右两侧的进线孔，摆放至配线架打线处，如图 5-18 所示。

图 5-18　整理电缆

（3）把所有线对插入配线架进线口，按电缆色谱分开线对。根据电缆色谱排列顺序，将对应颜色的线对逐一压入槽位内，然后使用打线工具固定线对连接，同时将伸出槽位外多余的导线截断，如图 5-19 所示。

图 5-19　线对按色序入位

（4）用打线工具将已入位的 25 对线打接牢固，如图 5-20 所示。

图 5-20　完成打线

（5）准备好 5 对打线刀和配线架端子，把端子放入打线刀里，如图 5-21 所示。

图 5-21　接线块（端子）入刀

（6）用 5 对打线刀将连接块（端子）压入槽内，并贴上编号标签，如图 5-22 所示。

图 5-22　打接连接块

（7）把端子垂直打入配线架线槽，端子有 6 个（5 个 4 对，1 个 5 对 ），把 6 个端子打完后即完成电缆端接。

（8）安装语音跳线，接通语音链路，如图 5-23 所示。

图 5-23　安装语音跳线

光缆的敷设

学习目的：
　　了解光缆敷设技术要求，掌握光缆敷设方法与步骤

项目一　光缆敷设技术

一、光缆敷设前的准备

1. 光缆检验

（1）工程所用的光缆规格、型号、数量应符合设计的规定和合同要求。

（2）光缆所附标记、标签内容应齐全和清晰。

（3）光缆外护套应完整无损，光缆应有出厂质量检验合格证。

（4）光缆开盘后应先检查光缆端头封装是否良好。光缆外包装或光缆外护套如有损伤，应对该盘光缆进行光纤性能指标测试，如有断纤，应进行处理，检查合格后才允许使用。检测完毕，光缆端头应密封固定，并恢复外包装。

2. 光纤跳线检验

两端的光纤连接器端面应装配有合适的保护盖帽；每根光纤接插线的光纤类型应有明显的标记，应符合设计要求。

检验光纤衰减常数和光纤长度。检验衰减常数时，可先用光时域反射仪进行测试，若测试结果超出标准或与出厂测试数据相差较大，再用光功率计测试，并将两种测试结果加以比较，排除测试误差对实际测试结果的影响。要求对每根光纤进行长度测试，测试结果应与盘标长度一致，如果差别较大，则应从另一端进行测试或做通光检查，以判定是否有断纤现象。

二、光缆敷设要求

1. 用户光缆敷设与接续

（1）用户光缆光纤接续宜采用熔接方式。

（2）在用户接入点配线设备及信息配线箱内宜采用熔接尾纤方式终接，不具备熔接条件时可采用现场组装光纤连接器件终接。

（3）每一光纤链路中宜采用相同类型的光纤连接器件。

（4）采用金属加强芯的光缆，金属构件应接地。

（5）室内光缆预留长度应符合下列规定。

① 光缆在配线柜处预留长度应为 3～5m。

② 光缆在楼层配线箱处预留长度应为 1～1.5m。

③ 光缆在信息配线箱终接时预留长度不应小于 0.5m。

④ 光缆纤芯不做终接时，应保留光缆施工预留长度。

（6）光缆敷设安装的最小静态弯曲半径应符合表 5-3 中的规定。

表 5-3　光缆敷设安装的最小静态弯曲半径

光缆类型		静态弯曲半径
室内外光缆		15*D*/15*H*
微型自承式通信用室外光缆		10*D*/10*H* 且不小于 30mm
管道入户光缆	G.652D 光纤	10*D*/10*H* 且不小于 30mm
蝶形引入光缆	G.657A 光纤	5*D*/5*H* 且不小于 15mm
室内布线光缆	G.657B 光纤	5*D*/5*H* 且不小于 10mm

2. 光缆敷设一般要求

（1）光缆的抗拉强度比电缆小，因此在操作光缆时，不允许超过各种类型光缆的抗拉强度。敷设光缆的牵引力一般应小于光缆允许张力的 80%，对光缆瞬间最大牵引力不能超过允许张力。为了满足对弯曲半径和抗拉强度的要求，在施工中应使光缆卷轴转动，以便拉出光缆。放线时总是从卷轴的顶部牵引光缆，而且应缓慢而平稳地牵引，不要急促地抽拉光缆。

（2）有塑料涂覆层的光纤细如毛发，光纤表面的微小伤痕将使其耐张力显著恶化。另外，当光纤受到不均匀侧面压力时，光纤损耗将明显增大。因此，敷设时应控制光缆的敷设张力，避免使光纤承受过大的外力（弯曲、侧压、牵拉、冲击等）。在光缆敷设施工中，严禁光缆打小圈及弯折、扭曲光缆，光缆施工宜采用"前走后跟，光缆上肩"的放缆方法，这样能够有效地防止打背扣的发生。

（3）光缆布放应有冗余，光缆布放路由宜盘留（过线井处），预留长度宜为3～5m；在设备间和电信间，多余光缆应盘圆存放，光缆盘曲的弯曲半径也应至少为光缆外径的10倍，预留长度宜为3～5m，有特殊要求的应按设计要求预留长度。

（4）敷设光缆的两端应贴上标签，以表明起始位置和终端位置。

（5）光缆与建筑物内其他管线应保持一定间距。

（6）必须在施工前对光缆的端别予以判定并确定A、B端，A端应是网络枢纽的方向，B端是用户一侧，敷设光缆的端别应方向一致，不得使端别排列混乱。

（7）光缆不论在建筑物内或建筑群间敷设，都应单独占用管道管孔。利用原有管道和铜芯导线电缆共管时，应在管孔中穿放塑料子管，塑料子管的内径应为光缆外径的1.5倍以上。在建筑物内光缆与其他弱电系统平行敷设时，应保持间距并分开敷设、固定绑扎。当4芯光缆在建筑物内采用暗管敷设时，管道的截面利用率应为25%～30%。

（8）敷设光缆前，应逐段将管孔清刷干净和试通。

（9）当穿放塑料子管时，其敷设方法与铜缆敷设基本相同。如果采用多孔塑料管，可免去对子管的敷设要求。

（10）光缆采用人工牵引布放时，每个人孔或手孔应有人值守以帮助牵引，人工牵引应使用玻璃纤维穿线器；机械布放光缆时，不必每个孔均有人，但在拐弯处应有专人照看。

（11）光缆一次牵引长度一般不应大于1000m。距离超长时，应将光缆盘成倒8字形分段牵引或在中间适当地点增加辅助牵引，以减小光缆张力和提高施工效率。

（12）为了在牵引过程中保护光缆外护套等不受损伤，在光缆穿入管孔或管道拐弯处与其他障碍物有交叉时，应采用导引装置或喇叭口保护管等进行保护。此外，根据需要可在光缆四周加涂中性润滑剂等材料，以减小牵引光缆时的摩擦阻力。

光缆敷设后应在人孔或手孔中留有适当余量，具体见表5-4。

表5-4　光缆敷设余量

光缆敷设方式	自然弯曲增加长度（m/km）	每个人（手）孔内弯曲增加长度（m）	接续每侧预留长度（m）	设备每侧预留长度（m）	备注
管道	5	0.5～1.0	一般为6～8	一般为10～20	其他预留按设计要求，管道或直埋光缆须引上架空时，其引上地面部分每处增加6～8m
直埋	7	—			

3. 光缆敷设其他要求

（1）光缆管道中间的管孔不得有接头。当光缆在人孔中没有接头时，要求光缆弯曲放置在电缆托板上并固定绑扎，不得在人孔中间直接通过，否则既影响今后施工和维护，又增加对光缆损害的机会。

（2）光缆与其接头在人孔或手孔中，均应放在人孔或手孔铁架的电缆托板上予以固定绑扎，并应按设计要求采取保护措施。保护材料可以采用蛇形软管或软塑料管等管材。

（3）光缆在人孔或手孔中应注意以下几点：光缆穿放的管孔出口端应封堵严密，以防水分或杂物进入管内；光缆及其接续应有识别标志，标志内容有编号、光缆型号和规格等；在严寒地区应按设计要求采取防冻措施，以防光缆受冻损伤；如光缆有可能被碰损伤，可在其上面或周围采取保护措施。

三、光纤连接方式

光纤连接有接续和端接两种方式。

1．光纤接续

光纤接续指两段光纤之间的永久连接，光纤接续分为机械接续和熔接两种方式。

机械接续是把两根切割、清洗后的光纤通过机械连接部件结合在一起，机械连接部件通常是连接器与耦合器。机械接续可以进行调谐，以减少两条光纤间的连接损耗。

光纤熔接是在高压电弧下把两根切割、清洗后的光纤连接在一起，熔接时要把两光纤的接头熔化后接为一体。光纤熔接机是专门用于光纤熔接的工具。目前工程中主要采用操作方便、连接损耗低的熔接方式。

2．光纤端接

光纤端接是把光纤连接器与一根光纤接续并磨光。

光纤端接时要求连接器接续和端头磨光操作正确，以减少连接损耗。

光纤端接主要用于制作光纤跳线和光纤尾纤，目前市场上端接各型连接器的光纤跳线和尾纤的成品繁多，所以现在综合布线工程中普遍选用现成的光纤跳线和尾纤，而很少现场进行光纤端接。

光纤连接器互连是将两条半固定的光纤（尾纤）通过其上的连接器与模块嵌板（光纤配线架、光纤插座）上的耦合器互连起来。做法是将两条半固定光纤上的连接器从嵌板的两边插入其耦合器中。对于互连结构来说，光纤连接器互连是将一条半固定光纤上的连接器插入嵌板上耦合器的一端，此耦合器的另一端中插入光纤跳线的连接器，然后将光纤跳线另一端的连接器插入网络设备中。

例如，楼层配线间光纤互连结构如下：进入的垂直主干光缆与光纤尾纤熔接于光纤配线架内——光纤尾纤连接器插入光纤配线架面板上耦合器的里面一端——光纤跳线插入光纤配线架面板上耦合器的外面一端——光纤跳线另一端插入网络交换设备的光纤接口。也可将连接器互连称为光纤端接。

四、光纤连接安全要求与技术要求

1．安全要求

参加光缆施工的人员必须经过专业培训。

折断的光纤碎屑实际上是很细小的针形光纤，容易划破皮肤和衣服。如果该碎片被吸入人体内，对人体会造成较大的危害。因此，制作光纤终接头或使用裸光纤的技术人员必须戴上眼镜和手套，穿上工作服。在可能存在裸光纤的工作区内应该坚持反复清扫，确保没有任何裸光纤碎屑，应该用瓶子或其他容器装光纤碎屑，确保这些碎屑不会遗漏，以免造成伤害。

绝不允许观看已通电的光源、光纤及其连接器，更不允许用光学仪器观看已通电的光纤传输器件。只有在断开所有光源的情况下，才能对光纤传输系统进行维护操作。如果必须在光纤工作时对其进行检查，特别是当系统采用激光作为光源时，光纤连接不好或断裂会使人受到光波辐射，操作人员应佩戴具有红外滤波功能的保护眼镜。

离开工作区之前，所有接触过裸光纤的工作人员必须洗手，并对衣服进行检查，用干净胶带拍打衣服，去除衣服上的光纤碎屑。

2. 技术要求

光缆终端接头或设备的布置应合理有序，安装位置应安全稳定，其附近不应有可能损害它们的外界设施，如热源和易燃物质等。

从光缆终端接头引出的光纤尾或单芯光缆的光纤所带的连接器应按设计要求插入光纤配线架上的连接部件中。暂时不用的连接器可不插接，但应套上塑料帽，以保证其不受污染，便于今后连接。

在机架或设备（如光纤接头盒）内，应对光纤和光纤接头加以保护，光纤盘绕方向要一致，要有足够的空间和符合规定的曲率半径。

光缆中的金属屏蔽层、金属加强芯和金属铠装层均应按设计要求，采取终端连接和接地，并应检查和测试其是否符合标准规定，如有问题，必须补救或纠正。

在光缆传输系统中的光纤连接器插入适配器或耦合器前，应用丙醇酒精棉签擦拭连接器插头和适配器内部，清洁干净后才能插接，插接必须紧密、牢固。

光纤终端连接处应设有醒目标志，标志内容应正确无误、清楚完整（如光纤序号和用途等）。

 光纤端接极性

光纤传输通道包括两根光纤，一根接收信号，另一根发送信号，即光信号只能单向传输。如果收对收、发对发，光纤传输系统肯定不能工作。因此光纤工作前，应先确定信号在光纤中的传输方向，即所谓的光纤接续极性。

ST 型连接器通过繁冗的编号方式来保证光纤极性。SC 型连接器为双工接头，在施工中对号入座就可完全解决极性这个问题。

综合布线系统采用的光纤连接器配有单工和双工光纤软线。建议在水平光缆或干线光缆连接处的光缆侧采用单工光纤连接器，在用户侧采用双工光纤连接器，以保证光纤连接的极性正确。

光纤信息插座的极性可通过锁定插座来确定，也可用耦合器 A 位置和 B 位置的标记来确定，可用线缆来延伸这一极性。这些光纤连接器及标记可用于所有非永久的光纤交叉连接场。

应用系统的设备安装完成后，其极性就已确定，光纤传输系统就会保证发送信号和接收信号的正确性。

一、双工光纤连接器的极性（图 5-24）

采用双工光纤连接器（SC 型）时，须用键锁扣定义极性。如图 5-24 所示是双工光纤连接器与耦合器连接的配置，它们应有自己的键锁扣。

二、单工光纤连接器的极性（图 5-25）

采用单工光纤连接器（BFOC/2.5）时，对连接器应做上标记，以表明其极性。如图 5-25 所示是单工光纤连接器与耦合器连接的配置及极性标记。

图 5-24　双工光纤连接器的极性　　　　　　图 5-25　单工光纤连接器的极性

三、单工、双工光纤连接器混合互连的极性（图 5-26）

如图 5-26 所示是单工、双工光纤连接器与耦合器混合互连的配置。对微型光纤连接器来说，如 LC 型、FJ 型、MT-RJ 型及 VF45 型连接器，是一对光纤一起连接，而且接插的方向是固定的，在实际应用中比较方便，也不会误插。

图 5-26　单工、双工光纤连接器混合互连的极性

技能练习18　光纤熔接

进程一：光纤熔接技术准备

光纤熔接是目前普遍采用的光纤接续方法，光纤熔接机通过高压放电将接续光纤端面熔融后，将两段光纤连接到一起成为一根完整的光纤。

这种方法接续损耗小（一般小于 0.1 dB），而且可靠性高。熔接光纤不会产生缝隙，因而不会引入反射损耗，入射损耗也很小，在 0.01～0.15 dB。

在光纤熔接前要把涂覆层剥离。机械接头本身是保护连接的光纤的护套，但熔接时在连接处却没有任何保护。熔接光纤时一般采用重新涂覆熔接区域和使用熔接保护套管两种方式来保护光纤。

目前，光纤熔接普遍采用熔接保护套管的方式，保护套管又称热缩管，套在光纤熔接区段，然后对套管进行加热，套管内管是由热缩材料制成的，热缩后能牢固地保护熔接区段。

1. 光纤熔接步骤

首先，取出熔接机，检查机器配件、电源等，打开熔接机电源，选择熔接横式（通常选择自动熔接横式），清除熔接机中的灰尘，做好熔接机投入使用前的所有准备工作。

其次，将接续光缆与目标光缆分别穿过光纤盘纤盒或光纤配线架。

最后，按照"剥、洁、切、熔、盘、测、封"的顺序进行光纤熔接。芯数相等时同管束内的对应颜色光纤一一对接，芯数不相等则按顺序从芯数大到芯数小进行对接。

（1）剥：开剥光缆（开缆），注意不要伤及束管，开剥长度为 1m 左右。

（2）洁：洁净光纤，用无尘纸或布（棉）将开缆后的所有光纤擦干净，将不同束管须接续的光纤按色序分开，并分别套穿热缩管。

（3）切：取标准色序光纤，用专用剥线钳剥除涂覆层，并用清洁棉或无尘纸（布）沾酒精擦净裸纤。用精密光纤切割刀切割光纤，对 0.25mm（外涂层）光纤，切割长度为 8～16mm；对 0.9mm（外涂层）光纤，切割长度为 16mm。

（4）熔：将光纤置入熔接机 V 形槽中。接续光纤与目标光纤都要根据切割长度合理确定其在压板中的位置，通过 V 形槽在熔接机两放电电极之间对准；小心地压上光纤压板，盖上防风罩，熔接机即自动完成熔接。打开防风罩，取出光纤，再将热缩管轻移至光纤熔接区段，放到加热槽中加热，20mm 热缩管加热 40s，40～60mm 热缩管则加热 85s。

（5）盘：所有光纤熔接好后，在盘纤盒或配线架上固定热缩管保护部分，然后根据光纤长度及预留盘大小将熔接的光纤盘好并固定（用胶纸贴住）。

（6）测：接头损耗测试（熔接机自动进行）和 OTDR 随机测试。

（7）封：将合格的光纤严密封装入盒。

2. 光纤熔接注意事项

开缆就是剥离光缆的外护套、缓冲管。

光纤在熔接前必须去除涂覆层。由于不能损坏光纤，所以剥离涂覆层时必须特别小心，应使用专用剥离钳，不得使用刀片等简易工具，以防损伤纤芯。注意不要损坏其他部位的涂覆层，以防在熔接盒内盘绕光纤时折断纤芯。

光纤的末端需要进行切割，要用专业工具切割光纤以使末端表面平整、清洁，并使之与光纤的中心线垂直。切割对于接续质量十分重要，它可以减少连接损耗。任何未正确处理的表面都会引起由于末端分离而产生的额外损耗。

3．光纤熔接损耗的主要影响因素

（1）光纤本征因素即光纤自身因素，如待连接的两根光纤的几何尺寸不一样，不是同心圆，不规整，折射率不同等。

（2）光纤施工质量不佳，由于光纤在敷设过程中拉伸变形、接续盒中夹固光纤压力太大等原因，造成接续点附近光纤物理变形。

（3）操作技术不当。

（4）熔接机本身质量问题等，光纤熔接机的异常信息和对应措施见表5-5。

统一光纤材料，保障光缆敷设质量，保持安装现场环境清洁，严格遵守操作规程和质量要求，选用精度高的光纤端面切割器加工光纤端面，正确使用熔接机等，都是提高光纤熔接质量的措施。

表 5-5 光纤熔接时熔接机的异常信息和对应措施

信息	原因	措施
设定异常	光纤在 V 形槽中伸出太长	参照防风罩内侧的标记，重新放置光纤
	切割长度太大	重新剥除、清洁、切割和放置光纤
	镜头或反光镜脏	清洁镜头、升降镜和防风罩反光镜
光纤不清洁或者镜不清洁	光纤表面、镜头或反光镜脏	重新剥除、清洁、切割和放置光纤，清洁镜头、升降镜和防风罩分光镜
	清洁放电时间太短	必要时增加清洁放电时间
光纤端面质量差	切割角度大于门限值	重新剥除、清洁、切割和放置光纤，如仍发生切割不良，则要确认切割刀的状态
超出行程	切割长度太小	重新剥除、清洁、切割和放置光纤
	切割放置位置错误	重新放置光纤
	V 形槽脏	清洁 V 形槽
气泡	光纤端面切割不良	重新制备光纤端面或检查光纤切割刀
	光纤端面脏	重新制备光纤端面
	光纤端面边缘破裂	重新制备光纤端面或检查光纤切割刀
	预熔时间短	调整预熔时间
太细	"锥形熔接"功能打开	确保"锥形熔接"功能关闭
	光纤送入量不足	执行"光纤送入量检查"指令
	放电强度太大	如不用自动模式，则减小放电强度
太粗	光纤送入量过大	执行"光纤送入量检查"指令

进程二：按上述步骤进行光纤熔接练习

准备室内或室外单模或多模光缆、光纤接续盒、酒精、精密光纤切割刀、医用棉花、卫生纸、光纤剥线钳、熔接机及光缆开缆工具，如图5-27所示。

图 5-27　光纤熔接工具

技能练习 19　光纤冷接子接续

进程一：光纤冷接子技术准备

目前，综合布线系统不再仅限于 FTTC（光纤到路边），更要求 FTTZ（光纤到社区）、FTTO（光纤到办公室）、FTTB（光纤到大楼）、FTTF（光纤到楼层）、FTTH（光纤到户）。光缆作为传输介质在综合布线系统中的大规模应用，促使光纤的快速机械接续技术也趋向成熟。

1. 冷接子

冷接子即光纤快速接续连接器，又称现场组装型连接器，指不需要熔接机熔接，只通过简单的接续工具，进行机械对准即可实现光缆直接成端的端接方式，快速接续连接器现场组装的过程中无须注胶、研磨。

光纤快速接续技术分预置光纤和非预置光纤两大类。预置光纤的接续点设置在连接器内部，预置有匹配液；非预置光纤接续点在连接器表面，不预置匹配液，直接通过适配器与目标光纤相连。冷接子是非预置光纤接续技术产品，具有超低损耗接续、可靠、耐候性强等特点，如图 5-28 所示。

图 5-28　冷接子

对于非预置光纤接续，现场接续连接器的接续点设置于插芯表面，现场光纤切割表面与标准连接器预研磨光纤球面接续，在两根光纤的活动连接之间只有一个连接点。通过减少一个接续点，实现光纤超低损耗接续。

现场切割的光纤通过高精度的陶瓷插芯和光纤套管与须连接的目标光纤对准，并被固定在快速接续连接器插芯后的 V 形槽中，现场光纤切割表面与普通连接器预研磨光纤球面通过现场光纤微弹力变形紧贴，连接器内部无接续点和匹配液，如图 5-29 所示。这样不会由于匹配液的流失而影响光学指标，接续点的接续质量得到可靠保证，经得住客户端各种复杂环境的考验。

2. 非预置光纤接续连接器技术要求

UNIKITYT—2007 为非预置光纤接续连接器规定了 6 个技术参数：光纤高度、纤面凹陷、孔径间隙、同心偏差、曲率半径和顶点偏移。

（1）光纤高度。

光纤高度是光纤端面到插芯端面的距离。该指标用来衡量光纤与光纤的接触，当现场连接器和普通连接器适配时，光纤凹陷会形成光纤接触间的空气间隔，发生菲尼尔反射现象，插入损耗变大，回波损耗变小（绝对值）。光纤凸出过高会增大光纤间的压力，增加光纤动态疲劳，从而损坏光纤，或将压力传递到固定光纤的 V 形槽，破坏光纤的固定，影响性能的稳定性。

（2）纤面凹陷。

纤面凹陷是现场切割的光纤端面凹峰到凹谷的距离。该指标也用来衡量光纤与光纤的接触，当现场连接器和普通连接器适配时，纤面凹陷会形成光纤接触间的空气间隔，改变插入和回波损耗。

（3）孔径间隙。

孔径间隙是指快速接续连接器陶瓷插芯的孔径与现场光纤直径的差值。该指标用来衡量光纤与光纤接触的重复一致性，当现场连接器和普通连接器适配时，孔径间隙过大会造成光纤适配状态不稳定，改变插入和回波损耗。

（4）同心偏差。

同心偏差是指快速接续连接器陶瓷插芯外径与光纤通孔的同心度。该指标用来衡量光纤与光纤的接触对准度，当现场连接器和普通连接器适配时，同心度不好会改变插入和回波损耗。

（5）曲率半径。

曲率半径是指插芯端面曲线的半径，现场连接器通过弹簧的压力来确保陶瓷插芯与普通连接器光纤端面紧贴。曲率半径用来控制压缩力以保持光纤中心匹配力。曲率半径不合格将会使光纤受到的压力逐步变大，甚至会损害光纤端面。

（6）顶点偏移。

图 5-29 弹力贴合

顶点偏移是插芯端面曲线的最高点到光纤纤芯的轴线距离。顶点偏移过大将减少光纤的有效耦合区，从而增加插入损耗和回波损耗。

在这几个指标中，光纤高度、纤面凹陷对现场连接器的影响最大，其次是孔径间隙和同心偏差，而曲率半径和顶点偏移基本都能保证，这是因为现场光纤微弹力变形紧贴原理，把曲率半径和顶点偏移的影响降到最低。

3．非预置光纤接续连接器技术特点

（1）高精度陶瓷插芯保证现场光纤精密定位。

（2）现场光纤在高精度陶瓷插芯中微量浮动，适配时保证其与目标光纤弹力贴合。

（3）现场光纤在靠近陶瓷插芯尾部固定，减少热胀冷缩对接续质量的影响。

如图 5-30 所示为最新型非预置光纤接续连接器（冷接子），其可重复多次开启，插入损耗小，满足相关行业标准，接续时间业内最短，抗拉强度达 10kg，深受用户欢迎。其技术指标如下。

插入损耗（IL）：小于 0.3dB

回波损耗（RL）：大于 40dB

在线抗拉力：大于 20N

最大抗拉力：大于 100N

抗冲击力：4 米 3 向 3 次抗摔

使用温度：−25～+70℃

操作时间：小于 15s

重复操作次数：100 次

接续成功率：大于 98%

56mm×9mm×8.5mm（长×宽×高）

图 5-30　RSC250P 型快速接续连接器

RSC250P 型快速接续连接器接续方法如图 5-31 所示。

按合开启工具，推开压盖

图 5-31　RSC250P 型快速接续连机器接续方法

4．光纤冷接子的应用

光纤冷接子在 FTTH 接入中起着不可替代的作用，光纤冷接子现场端接技术解决了光纤到户的应用难题，其无须熔接，操作方便快捷，接续成本低，真正实现了随时随地接入，如图 5-32 所示。

（a）连接图

图 5-32　冷接子的应用

（b）配线箱及光分路器箱　　　　　　　　（c）直接连接 ONU

图 5-32　冷接子的应用（续）

进程二：按照图 5-33 练习光纤冷接子接续

光纤冷接子接续须做到"完整切割，精确对准，弹性贴入，可靠固紧"。

（a）接续前准备工具及用料

（b）拧开螺母待用

（c）将光纤插入螺母内

（d）剥掉光纤涂覆层，使裸纤长约 30mm

（e）测量已剥好的裸光纤长度

（f）用无尘纸或无尘布蘸少量酒精紧贴擦拭光纤，务必使光纤洁净

（g）将光纤放入切割位置切割，长度为 11～12mm

（h）将切割好的光纤小心插入接续导向口内

（i）轻推光纤，确保光纤达到对准位置

（j）先拧紧一侧螺母

（k）重复（b）～（h），将接续目标光纤放入接续夹具内

（l）将光纤放入海绵内夹好，微弯成拱形

（m）均匀用力推动光纤，使光纤对准

（n）拧紧另一侧螺母

（o）从夹具上取出产品，接续完成

图 5-33　光纤冷接子接续操作步骤

模块六

综合布线系统工程测试技术

　　事实证明，有 70%的网络通信故障是由综合布线系统工程质量问题引起的。所以，综合布线系统必须严格地进行工程测试，确保工程优质高效，为通信网络运行奠定坚实基础。

　　综合布线系统工程测试主要有两个目的：一是确保施工质量，二是确保施工进度，使建设所做的投资得到应有的质量保证。5 类以上高品质电缆及相关连接硬件的综合布线系统，必须使用高精度仪器进行系统工程测试，以确保系统在传输高速信息时不出问题或少出问题。

对绞电缆链路测试

学习目的：

会区分对绞电缆网络测试链路模型，了解链路传输信号能力与质量的测试标准，会选定仪表和设定测量参数，熟悉实际网络链路常见故障

 测试类别与链路模型

一、对绞电缆链路测试类别

综合布线系统工程测试分为以下三类。

1. 验证测试

验证测试又称随工测试，是边施工边测试，主要检测线缆质量和安装工艺，及时发现并纠正所出现的问题，通常用于测试系统链路的接线图和长度。

2. 认证测试

认证测试又称验收测试，是所有测试工作中最重要的环节，是工程完工的即时验收，主要对布线系统的安装、电气特性、传输性能、设计、选材及施工质量进行全面测试。

认证测试通常以自我认证测试和第三方认证测试两种方式进行。

3. 鉴定测试

鉴定测试是在认证测试的基础上，对布线链路上一些网络应用情况进行基本检测，具有一定的网络管理功能。鉴定测试仪能判定被测试链路所能承载的网络信息量的大小，还能诊断常见的可导致布线系统传输能力受限制的线缆故障。注意：鉴定测试不能替代认证测试。

二、认证测试模型

1. 永久链路

永久链路又称固定链路，由最长为90m的配线（水平）电缆、配线电缆两端的接插件（一端为工作区信息插座，另一端为楼层配线架）和链路可选的转接连接器组成，不包括两端的2m测试电缆。永久链路模型如图6-1所示。这种测试模型适用于测试固定链路（水平电缆及相关连接器件）的信息传输性能。

H—从信息插座至楼层配线设备（包括集合点）的水平电缆长度，$H \leqslant 90m$

图 6-1　永久链路模型

2. 信道

信道模型如图 6-2 所示。信道指从网络设备跳线到工作区跳线的端到端的连接，它包括最长为 90m 的在建筑物中固定的水平电缆、水平电缆两端的接插件（一端为工作区信息插座，另一端为配线架）、一个靠近工作区的可选的附属转接连接器、最长为 10m 的楼层配线架和用户终端的连接跳线，对绞电缆链路信道最长为 100m。

A—工作区终端设备电缆长度；B—CP 缆线长度；C—配线（水平）缆线长度，D—配线设备连接跳线长度；

E—配线设备到设备连接电缆长度；$B+C \leqslant 90m$，$A+D+E \leqslant 10m$

图 6-2　信道模型

项目二　链路认证测试参数及其意义

对于不同级别的布线系统，测试模型、测试内容、测试方式和性能指标是不一样的。参照 TSB—67 标准要求，对于 5 类布线系统，验证测试有接线图、链路长度、衰减、近端串扰 4 个性能指标。ISO 要求增加一项指标，即衰减串扰比（ACR）。对于超 5 类布线系统，性能指标的数量没有发生变化，只是严格程度比 TSB—95 高了许多。而 6 类布线系统已经面向 1000Base—TX 应用，所以又增加了很多指标，如综合近端串扰、综合等效远端串扰、回波损耗、时延偏差等。这样，增补后的性能指标包括：接线图、布线链路及信道长度、近端串扰、综合近端串扰、衰减、衰减串扰比、远端串扰及等电平远端串扰、传播时延、时延偏差、结构回波损耗、插入损耗、带宽、直流环路电阻等。

对于对绞电缆链路，GB/T 50312—2016《综合布线系统工程验收规范》规定的测试内容有接线图、布线链路及信道长度；对不同的布线系统，测试时实时增加测试内容和性能指标。

综合布线系统工程的现场测试项目、性能指标和参数，是随链路类别不同而变化的。通常，现场验证测试的测试项目只有接线图、布线链路及信道长度、近端串扰和衰减 4 项，而认证测试还有其他项目。

一、认证测试参数

GB/T 50312—2016 规定的综合布线系统对绞电缆链路工程现场认证测试参数如下。
（1）接线图（开路/短路/反接/跨接/串绕）。
（2）长度。
（3）衰减。
（4）近端串扰。
（5）综合近端串扰。
（6）衰减串扰比。
（7）远端串扰与等效远端串扰。
（8）综合等效远端串扰。
（9）传输时延与时延差。
（10）回波损耗。

二、参数意义

1. 接线图（Wire Map）
接线图能直观反映链路有无端接错误，显示实际连接状态，如图 6-3 所示。

图 6-3　接线图

2．长度（Length）

布线链路及信道长度（电缆的物理长度），常通过电子长度测量来估算。

电子长度测量是应用时域反射（Time Domain Reflectometry，TDR）测试技术，基于传播时延和电缆的额定传输速率而实现的。

电信号在电缆中的传输速率与光在真空中的传输速率的比值定义为电缆的额定传输速率，用 NVP 表示，则

$$NVP=2 \times L（T \times c）$$

式中，L 是电缆长度；T 是信号传送与接收之间的时间差；c 是真空状态下的光速（3×10^8m/s）。

电缆长度为

$$L=NVP \times（T \times c）/2$$

NVP 值随不同线缆类型而异。通常，NVP 值范围为 60%～90%。测量准确性取决于 NVP 值，正式测量前用一根已知长度（必须在 15m 以上）的电缆来校正测试仪的 NVP 值，测试样线越长，测试结果越精确。测试时采用延时最短的线对作为参考标准来校正电缆测试仪。典型的非屏蔽对绞电缆的 NVP 值为 62%～72%。

3．衰减（Attenuation）

衰减是信息传输所造成的信号损耗（单位为 dB）。

当信号在电缆中传输时，其所遇到的电阻会导致传输信号减小，如图 6-4 所示。衰减是一种插入损耗，布线链路中所有的布线部件都对链路的总衰减量有贡献。总衰减量由下述各部分构成。

（1）布线电缆对信号的衰减量。

（2）构成通道链路方式的 10m 跳线或构成基本链路方式的 4m 设备接线对信号的衰减量。

（3）每个连接器对信号的衰减量。

图 6-4　衰减

衰减测试是对电缆和链路连接硬件中信号损耗的测量，衰减随频率而变化，所以应测量应用范围。例如，对于 5 类非屏蔽对绞电缆，测试频率范围是 1～100MHz。测量衰减时，值越小越好。温度对某些电缆的衰减也会产生影响。一般说来，随着温度的升高，电缆的衰减增加。因此，国家标准中规定测试温度为 20℃。注意，衰减在特定线缆、特定频率下的要求有所不同。具体而言，每升高 1℃，3 类电缆衰减增加 1.5%，4 类和 5 类电缆衰减增加 0.4%；当电缆安装在金属管道内时，每升高 1℃，链路的衰减增加 2%～3%。现场测试设备应测量出安装的每一对线衰减最大值，并且通过比较衰减最大值与衰减允许值，给出

合格（标记为"PASS"）与不合格（标记为"FALL"）的结论。具体规则：① 如果合格，则给出处于可用频宽内的最大衰减值，否则给出不合格时的衰减值、测试允许值及所在点的频率。② 如果测量结果接近测试极限，而测试仪不能确定是否合格，则将此结果标记为"PASS*"；若结果处于测试极限的错误侧，则标记为"FALL"。③ 测试极限是按链路的最大允许长度（信道链路是 100m，永久链路是 90m）设定的，不是按长度分摊的。若测量出的值大于链路实际长度的预定极限，则在报告中加星号，以示警戒。

衰减产生原因有电缆材料的电气特性和结构、不恰当的端接、阻抗不匹配的反射。

过量衰减会使电缆链路传输数据不可靠。

衰减是频率的函数，如图 6-5 所示。

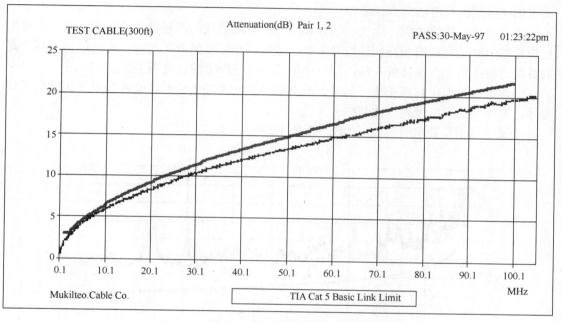

图 6-5 衰减是频率的函数

4. 近端串扰（NEXT）

近端串扰如图 6-6 所示。

距离越远，A端收到的串扰信号就越弱

图 6-6 近端串扰

串扰，是同一电缆的一个线对中的信号在传输时耦合进其他线对中的能量。一个发送信号线对泄漏出来的能量被认为是这条电缆的内部噪声，它会干扰其他线对中的信号传输。

串扰分为近端串扰和远端串扰两种。近端串扰是指处于线缆一侧的某发送线对的信号对同侧的其他相邻（接收）线对通过电磁感应所造成的信号耦合。

在仪表测试设置中，近端串扰是用近端串扰损耗值来度量的，测量的是线对彼此耦合过来的信号损耗值，该值越大越好。该值大意味着只有很少的能量从发送信号线对耦合到同一电缆的其他线对中，也就是耦合过来的信号损耗高；该值小意味着有较多的能量从发送信号线对耦合到同一电缆的其他线对中，也就是耦合过来的信号损耗低。

近端串扰损耗的测量，应包括每一个线缆通道两端的设备接插软线和工作区电缆在内。近端串扰并不表示在近端所产生的串扰，它只表示在近端所测量到的值，测量值会随电缆的长度不同而变化，电缆越长，近端串扰值越小。实践证明，在 40m 内测得的近端串扰值是真实的，并且近端串扰损耗应分别从通道的两端进行测量。

对于近端串扰的测试，采样样本越大，步长越小，测试就越准确，TIA/EIA 568B2.1 定义了近端串扰测试时的最大频率步长。

近端串扰与线缆类别、端接工艺和频率有关，对绞线的两条导线绞合在一起后，因为相位相差 180°而抵消相互间的信号干扰，绞距越小，抵消效果越好，也就越能支持较高的数据传输速率。在端接施工时，为减少串扰，打开绞接的长度不能超过 13mm。

近端串扰类似于噪声干扰，足够大时会破坏正常传输的信号，会被错误地识别为正常信号，造成站点间歇锁死，使网络连接完全失败。

近端串扰也是频率的函数，如图 6-7 所示。

图 6-7　近端串扰是频率的函数

5. 综合近端串扰（PS NEXT）

近端串扰是一个发送信号的线对对被测线对在近端的串扰。实际上，在 4 对对绞电缆中，其他三个线对发送信号时都会对被测线对产生串扰。这三个发送信号的线对对另一相邻接收线对产生的总串扰就称为综合近端串扰（图 6-8）。

综合近端串扰是对绞电缆布线系统中一个新的测试指标，只有超 5 类和 6 类电缆才要求测试 PS NEXT，这种测试在用多个线对传送信号的 100Base—T4 和 1000Base—T 等高速以太网中非常重要。因为电缆中多个传送信号的线对把更多的能量耦合到接收线对中，在测量中综合近端串扰值要低于同种电缆线对间的近端串扰值，比如 100MHz 时，超 5 类通道模型下综合近端串扰最小极限值为 27.1dB，而近端串扰最小极限值为 30.1dB。

图 6-8　综合近端串扰

6. 衰减串扰比（ACR）

通信链路在传输信号时，衰减和串扰都会存在，串扰反映电缆系统内的噪声，衰减反映线对本身的传输质量，这两种性能参数的混合效应可以反映出电缆链路的实际信息传输质量，用衰减串扰比来表示这种混合效应，衰减串扰比定义为：被测线对受相邻发送线对串扰的近端串扰损耗值与本线对传输信号衰减值的差值（单位为 dB），即衰减串扰比=近端串扰−衰减，其数值越大越好。

7. 远端串扰（FEXT）与等效远端串扰（ELFEXT）

远端串扰是信号从近端发出，而在链路的另一侧（远端），发送信号的线对对其同侧相邻（接收）线对通过电磁感应耦合而造成的串扰。

因为信号的强度与它所产生的串扰及信号的衰减有关，所以电缆长度对测量到的 FEXT 值影响很大，FEXT 并不是一种很有效的测试指标，在实际测量中用 ELFEXT 值代替 FEXT 值。

等效远端串扰，是指某线对上远端串扰损耗与该线路传输信号衰减之差，如图 6-9 所示。

ELFEXT = FEXT − Attenuation

图 6-9　等效远端串扰

实际应用时，首先测试衰减值，然后测试远端串扰值，再用远端串扰值减去衰减值。

8. 综合等效远端串扰（PS ELFEXT）

综合等效远端串扰如图 6-10 所示，它是几个同时传输信号的线对在接收线对中形成的 ELFEXT 总和。对 4 对 UTP 电缆而言，它组合了其他三个线对对被测线对的 ELFEXT。

信号

FEXT

Attenuation

ELFEXT（信号的分贝差）

图 6-10　综合等效远端串扰

9. 传输时延（Propagation Delay）和时延差（Delay skew）

传输时延如图 6-11 所示，它是信号在电缆线对中传输所需要的时间。传输时延随着电缆长度的增加而增加，测量标准是信号在 100m 电缆中的传输时间，单位是纳秒（ns），它是衡量信号在电缆中传输快慢的物理量。

时延差又称时延偏离，如图 6-12 所示，它指同一 UTP 电缆中信号传输最快线对和信号传输最慢线对的传输时延差值，它以同一线缆中信号传输时延最小的线对作为参考，其余线对相对于参考线对都有时延差。最大的时延差即是电缆的时延差。

图 6-11　传输时延　　　　　　　图 6-12　时延差

10. 回波损耗（RL）

回波损耗，是线缆与接插件阻抗不匹配导致的一部分能量反射。

当端接阻抗（部件阻抗）与电缆的特性阻抗不一致时，在通信链路上就会出现阻抗不匹配。阻抗的不连续性引起链路偏移，电信号到达链路偏移区时，必须消耗掉一部分来克服链路偏移，这样会导致两个后果，一个是信号损耗，另一个是少部分能量被反射回发送端。被反射到发送端的能量会形成噪声，导致信号失真，降低通信链路的传输性能。

回波损耗=发送信号/反射信号，回波损耗越大，则反射信号越小，意味着通道采用的电缆和相关连接硬件阻抗一致性越好，传输信号越完整，在通道上的噪声越小。因此，回波损耗越大越好。

负载端反射如图 6-13 所示。

图 6-13 负载端反射

传输链路端接处反射如图 6-14 所示。

图 6-14 传输链路端接处反射

回波损耗的测试曲线如图 6-15 所示。

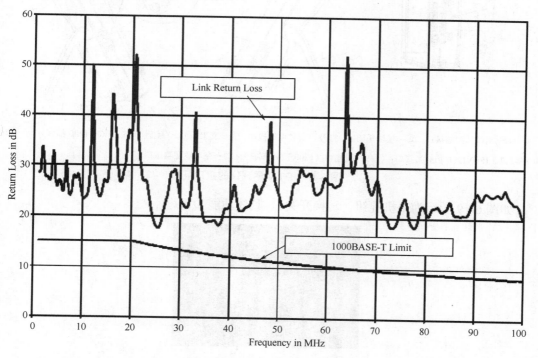

图 6-15 回波损耗的测试曲线

技能练习 20 DTX 测试仪的操作

进程一：认识 DTX 测试仪

DTX 测试仪主机与远端机分别如图 6-16 和图 6-17 所示。

图 6-16　主机 　　　　　　　　　 图 6-17　远端机

如图 6-18 所示为 DTX（1800/1200/LT）测试仪的接口。

①—电缆适配器接口；②—模块托架盖，打开可安装可选模块；③—支架；④—存储卡接口（1800/1200 都有）；⑤—USB
和 RS-232（1800/1200 都有）接口；⑥—耳机接口（1800/1200 都有）；⑦—充电适配器接口。

图 6-18　DTX 测试仪的接口

如图 6-19 所示为主机旋钮（转换开关）。具体功能如下。

图 6-19　主机旋钮（转换开关）

（1）监视（MONITOR）。

（2）单项测试（SINGLE TEST）。

（3）自动测试（AUTO TEST）。

（4）设置（SETUP）。

（5）特殊功能（SPECIAL FUNCTIONS）。

进程二：完成使用前的准备工作

1. DTX 测试仪自校准（图 6-20）

（1）将永久链路适配器和通道适配器连接至主机和远端机并开机。

（2）主机旋钮转到 SPECIAL FUNCTIONS 挡。

（3）选择"设置基准"项，按 TEST 键开始校准。

图 6-20　DTX 测试仪自校准

2. DTX 测试仪自检验（图 6-21）

（1）将永久链路适配器和通道适配器连接至主机和远端机后开机。

（2）主机旋钮转到 SPECIAL FUNCTIONS 挡。

（3）选择"自检"项，按 **TEST** 键开始自检。

图 6-21　DTX 测试仪自检验

进程三：DTX 测试仪参数设置

（1）设置语言，如图 6-22 所示。

图 6-22　设置语言

（2）选择缆线类型，如图6-23所示。

图6-23　选择缆线类型

缆线类型及制造商如图6-24所示。

UTP（100Ω）——非屏蔽对绞线。

FTP（100Ω、120Ω）——箔制屏蔽对绞线。

SSTP——屏蔽对绞线。

图6-24　缆线类型及制造商

（3）确定测试标准，如图6-25所示。

图6-25　确定测试标准

（4）设定NVP值。

NVP是信号在电缆中传输的速度与光速的比值，如图6-26所示，默认值为69%。

各电缆制造商生产的电缆NVP值受各种因素影响而有所差别。精确测量电缆长度时，须测定电缆的 NVP 值。

图 6-26　信号传输速度与光速的比值

设定 NVP 值的方法如图 6-27 所示。

① 选择 "NVP" 项，按 ENTER 键。

② 截取一段 30m 长的 UTP 电缆连接至测试仪的主机和远端机。

③ 按 TEST 键开始测试。注意：测试完毕后，调整电缆测试长度至 30m，而 NVP 值会随长度调整而改变。

④ 按 F4 键将调整后的 NVP 值存储为默认值，以便精确测量电缆长度。

图 6-27　设定 NVP 值的方法

（5）完成插座配置，如图 6-28 所示。

图 6-28　完成插座配置

（6）设置缆线标识码来源，如图 6-29 所示。目的是使测试时存储数据更加方便。

图 6-29　设置缆线标识码来源

（7）设置当前文件夹，如图 6-30 所示。目的是设置测试结果的存储路径。

图 6-30　设置当前文件夹

（8）设置存储数据，如图 6-31 所示，可确定是否存储绘图数据。

图 6-31　设置存储数据

（9）设置结果存放位置，如图 6-32 所示，可确定结果是存在内部存储器中还是内存卡中。

图 6-32 设置结果存放位置

（10）设置报告信息，包括操作员、地点、公司的名称，如图 6-33 所示。

图 6-33 设置报告信息

（11）设置日期和时间，如图 6-34 所示。

图 6-34 设置日期和时间

（12）设置数字格式和长度单位，如图 6-35 所示。

图 6-35　设置数字格式和长度单位

（13）设置电源管理，如图 6-36 所示。

图 6-36　设置电源管理

（14）设置听音，即按键时是否发出声音，如图 6-37 所示。

图 6-37　设置听音

（15）设置电源频率，如图 6-38 所示。我国为 50Hz，美国为 60Hz。

图 6-38　设置电源频率

（16）特殊功能菜单如图 6-39 所示，其中提供了一些特殊使用功能，将主机旋钮置于 SPECIAL FUNCTIONS 挡即可显示该菜单。

图 6-39　特殊功能菜单

① 如图 6-40 所示，选中"查看/删除结果"项，按 ENTER 键，即可显示机内存储的测试数据。

按上下方向键选择，按 ENTER 键确认，按 F1 键更改资料夹，按 F2 键删除，按 F3 键分类排序。

图 6-40　"查看/删除结果"项

② 如图 6-41 所示，选中"移动/复制内部结果"项，按 ENTER 键，即可显示提示信息。按上下方向键选择，按 ENTER 键确认。

图 6-41 "移动/复制内部结果"项

③ DTX 测试仪具有音频信号发生器，可发出音频信号，通过音频探测器可以定位电缆走向。如图 6-42 所示，选中"音频信号发生器"项，按 ENTER 键进入；将电缆连至测试仪主机，按 TEST 键开始发出音频信号；当音频探测器接触电缆时可以听到声音。

图 6-42 "音频信号发生器"项

④ 如图 6-43 所示，选中"内存状态"项，可查看测试仪内存状态。按 F2 键格式化，按 EXIT 键退出。

图 6-43 "内存状态"项

⑤ 如图 6-44 所示，选中"电池状态"项，按 ENTER 键，可显示测试仪电量。按 EXIT 键退出。

图 6-44　"电池状态"项

⑥ 如图 6-45 所示，选中"版本信息"项，按 ENTER 键确认，可查看测试仪版本信息。按 F1 键可查看主机/远端设备信息，按 F2 键可查看适配器信息，按 EXIT 键退出。

图 6-45　"版本信息"项

进程四：自动测试 按图 6-46 对 4 对对绞电缆（Cat 5e UTP）链路进行自动测试。

图 6-46　自动测试接线图

1. 操作步骤

（1）连接主机/远端机。

（2）将主机旋钮转到 AUTO TEST 挡，同时开机。

（3）设置所用测试标准及电缆类型。

（4）按 TEST 键开始测试。

注意：测试项目数量和测试时间随所选标准不同而不同。

2. 测试结果

参数概要如图 6-47 所示，按 F2、F3 键可翻页查看各参数测试结果，按上下方向键可选择各项测试参数，按 ENTER 键可查看详细结果。

接线图、直流电阻、长度、传播时延和时延偏离测试结果如图 6-48 所示。

图 6-47 参数概要

（Wire Map）
接线图测试结果

（Resistance）
直流电阻测试结果

（Length）
长度测试结果

（Propagation Delay）
传输时延测试结果

（Delay Skew）
时延偏离测试结果

图 6-48 接线图、直流电阻、长度、传输时延和时延偏离测试结果

衰减测试结果如图 6-49 所示。

（Attenuation） （Attenuation） （Attenuation）
各线对衰减测试总结果 每一线对衰减测试详细结果 每一线对衰减测试曲线图

图 6-49 衰减测试结果

近端串扰测试结果如图 6-50 所示。

（NEXT） （NEXT）
近端串扰测试总结果 线对间近端串扰详细测试结果

图 6-50 近端串扰测试结果

进程五：单项测试

1．操作步骤

（1）将主机旋钮转到 SINGLE TEST 挡。

（2）按上下方向键选择测试项目。

（3）按 TEST 键或 ENTER 键开始测试（图 6-51）。

图 6-51 单项测试

2．实时监测

对绞线脉冲噪声如图 6-52 所示。对绞线使用模块，光模块使用光纤跳线。

操作步骤：将主机旋钮转到 MONITOR 挡，用上下方向键选择监测项目，按 TEST 键或 ENTER 键开始监测。

图 6-52　对绞线脉冲噪声

3．网络监测

选择"脉冲噪声"项，可以对静态对绞电缆的电气噪声进行监测。

超过脉冲噪声阈值的电压被当作噪声，如图 6-53 所示。

图 6-53　脉冲噪声阈值

进程六：使用最新版电缆管理软件 LinkWare 制作测试报告

（1）首先连接 PC 并安装软件，如图 6-54 所示。安装完毕，可选择"开始"→"程序"→"Fluke Networks"→"LinkWare"→"LinkWare"启动软件，第一次启动软件显示为英文，可以选择"Options"菜单下的"Language"→"Chinese"项，将英文转换为中文。

（2）把所保存的自动测试报告和报告摘要从测试仪或存储卡中导入 PC。

（3）排序和编辑自动测试报告。

（4）自定义打印报告和摘要的外观。

（5）在测试报告上增加图形。

（6）从测试仪接收设置。

（7）更新测试仪中的软件。

（8）在 LinkWare 工具栏上单击"新建"图标，选择"DTX CableAnalyzer"，如图 6-55 所示。

个人计算机

个人计算机键盘
连接器

个人计算机键盘

个人计算机
并行端口

并行打印机电缆

存储卡
阅读器

存储卡

并行打印机

图 6-54　连接 PC 并安装软件

"新建"图标

图 6-55　单击"新建"图标

（9）在"自动测试报告"窗口中，选择需要导入的报告，如图 6-56 所示。

图 6-56　导入报告

技能练习 21　用 Fluke DTX 1800 测试仪进行认证测试

选择学校教学楼二层几个信息点，用 Fluke DTX 1800 测试仪进行信道认证测试，打印测试报告。

进程一：重复技能练习 20 中操作

进程二：选择三个信息点，确定每个信息点的信道

进程三：进行测试并打印测试报告

进程四：写出测试体会

学习任务二

光纤链路测试

学习目的：

　　了解光纤链路测试标准与等级，会使用专用测试仪进行光纤链路测试，熟悉实际光纤链路常见故障

项目一　光纤链路测试标准与等级

　　光纤链路传输的信号是具有一定带宽和稳定频率的光波。光波在塑料或者石英玻璃材质的光缆光纤中传播，具有良好的传输特性，没有电信号传播的种种干扰问题，所以光缆布线工程测试参数较少。测试内容主要包括光纤的连通性测试、性能参数测试和故障定位测试。

　　光缆测试链路是指水平光缆链路和主干多模光缆链路。光在纤芯里传输的过程中，必然存在光纤损耗，以及连接器和接续子的损耗，测试的目的就是检测其关联的光传输损耗参数是否符合标准要求。

一、通用标准

　　与应用无关的安装光纤的认证测试标准，是基于光缆长度、适配器及接合的可变标准，ANSI/TIA/EIA 568B.3、ISO 11801、EN 50173。

　　ANSI/TIA/EIA 568B.3 通用标准如图 6-57 所示。

1. Cable—光缆
   ◆ 光缆每千米最大衰减（850nm）：3.75dB
   ◆ 光缆每千米最大衰减（1300nm）：1.5dB
   ◆ 光缆每千米最大衰减（1310nm）：1.0dB
   ◆ 光缆每千米最大衰减（1550nm）：1.0dB
2. 光纤连接点
   ◆ 适配器（双工SC或ST）最大衰减：0.75dB
   ◆ 熔接最大衰减：0.3dB
3. 链路长度（主干）
   ◆ 分段 建筑物主干 建筑群主干
   ◆ 62.5/125μm多模 500m 1500m
   ◆ 8/125μm单模 500m 2500m

图 6-57　ANSI/TIA/EIA 568B.3 通用标准

二、LAN 应用标准

LAN 应用标准是指特定应用的标准，其中每种应用的测试标准是固定的，如 10Base—FL、Token Ring、100Base—FX、1000Base—SX、1000Base—LX、ATM、Fiber Channel。IEEE 802.3z 应用标准如图 6-58 所示。

IEEE 802.3z（千兆光纤以太网）		
1. 1000Base—SX（850nm激光）	衰减	长度
◆ 62.5μm多模光纤：	3.2dB	220m
◆ 50μm多模光纤：	3.9dB	550m
2. 1000Base—LX（1300nm激光）		
◆ 62.5μm多模光纤：	4.0dB	550m
◆ 50μm多模光纤：	3.5dB	550m
◆ 8/125μm单模光纤：	4.7dB	5000m

图 6-58　IEEE 802.3z 应用标准

在测试中往往存在用网络应用标准测试合格，而用综合布线系统工程标准认证测试不合格的情况。因此，在光纤通信链路测试中要使用 ANSU/TIA/EIA 568B.3、ISO 11801—2002 等光纤链路布线标准进行测试，而不仅仅是网络应用标准。

三、光纤信道和链路测试等级

1. TIA TSB—140 标准

光纤链路传输质量受光纤和连接硬件质量的影响，也受安装工艺水平和应用环境的影响。2004 年 2 月通过的 TIA TSB-140 标准定义了光纤测试等级。所谓光纤测试等级，是指在现场进行光纤测试时的测试级别，一般分为两个级别，即等级 1（Tier 1）和等级 2（Tier 2）。

（1）等级 1：对光纤只进行衰减、长度和极性测试，使用光纤损耗测试设备如光功率计来测试链路的衰减，通过光学延迟量测量或借助线缆护套的标记来计算长度，用可视光源如可视故障定位器（VFL）或 OLTS 查找极性。测试骨干光缆（Tier 1）有三种仪器：光功率损耗测试仪（如功率计和光源）、单波长光缆适配器和双波长光缆适配器。

（2）等级 2：除了衰减及长度测试外，还可以选择对链路进行 OTDR 追踪评估，需要用到光时域反射仪。

2．国家标准 GB/T 50312—2016

（1）等级 1 测试

① 测试内容：光纤信道或链路的衰减、长度和极性。

② 用光损耗测试仪（OLTS）测量每条光纤链路的衰减并计算光纤长度。

（2）等级 2 测试

等级 2 测试除包括等级 1 测试内容外，还应利用 OTDR 曲线获得信道或链路中各点的衰减、回波损耗值。

光纤信道最大衰减值及范围见 GB/T 50312—2016 附录 C。

（3）光纤信道或链路测试连接

光纤链路测试连接（单芯）如图 6-59 所示。

图 6-59　光纤链路测试连接（单芯）

 项目二　常用光纤测试仪

国外有代表性的光纤测试仪如图 6-60、图 6-61 所示。

图 6-60　TIA TSB—140 Tier 1 测试仪

图 6-61　光时域反射仪

国内有代表性的光纤测试仪如图 6-62、图 6-63 所示。

图 6-62 AE3000 光时域反射仪

图 6-63 DS3023 型光功率计

AE3000 光时域反射仪性能指标：最短盲区小于 1.5m，可查找实际线路 3m 事件点；最短测试时间可设置为 10s，测试速度为每分钟 100km；一键式操作，测试分析一步智能完成，便携，适于野外作业；可实现点对点、点对多点的数据共享及计算机远程控制；RJ45 接口可实现计算机远程数据共享；USB 接口可插 U 盘或直接连接电脑，数据存取方便；SD 卡接口支持 1G SD 卡；机器内置超大内存，可存储 2000 条曲线数据，光适配器易于拆装。

AE3000 光时域反射仪能快速、准确地完成整条光纤链路的特性测试，自动判断事件点的位置并给出相应的标识；具有双游标控制功能，能指示光纤上任意两点间的衰减特性；事件以列表形式显示于主界面，相关信息包括事件号、类型、事件位置（距离）、损耗、反射、事件点间斜率（衰减）、总损耗。

AE 3000 光时域反射仪性能指标与常规参数见表 6-1 和表 6-2。

表 6-1 性能指标

型号	波长（nm）	动态范围（dB）	事件盲区（m）	衰减盲区（m）
AE3000L	1310±20/1550±20	33/31	<5m	<25m
AE3000	1310±20/1550±20	35/33	<3m	<17m
AE3000H	1310±20/1550±20	37/35	<1.5m	<10m

表 6-2 常规参数

项目	内容
距离范围	5m～200km
脉冲宽度	5ns～20μs
测量时间	用户自定义（智能关联）具备实时测量功能
距离精度	±（0.5m+0.001%×距离+采样分辨率）
衰减精度	±0.01dB
损耗门限	0.01dB
损耗分辨率	0.001dB

项目	内容
距离分辨率	0.1m
采样点	64000
数据存储	1000 条（AE3000L/AE3000），2000 条（AE3000H）
显示屏类型	6.4 英寸 TFT 彩屏
光适配器	FC/PC，SC/PC
接口	USB（主从模式各一个），SD，RJ45
电池	内置可充电锂电池，充电时间小于 4h，工作时间大于 10h
电源	AC/DC 适配器，输入 AC 90～240V（±10%），输出 18V
工作温度	0～40℃
保存温度	−10～50℃
相对湿度	<80%
重量	<2.5kg
外形尺寸	248mm×201mm×75mm

DS3023 型光功率计是用于光纤安装测试的高精密仪器，其性能指标见表 6-3。

表 6-3　DS3023 型光功率计性能指标

指标项目	DS3023	DS3023S	DS3026
光探测器	3000μm 大敏面 Ge 探测器	2000μm 大敏面 InGaAs 探测器	1500μm InGaAs 探测器
测量波长	780～1680nm	780～1680nm	780～1680nm
测量动态	−43～+27dBm	−43～+27dBm	−43～+27dBm
基本精度	±1%（±0.05dB），-20dBm，（22.5±2.5）℃，1300nm /1310nm/ 1550nm（PC/APC）	±1.6%（±0.07dB），-20dBm，（22.5±2.5）℃，1300nm /1310nm/ 1550nm（PC/APC）	±2.3%（±0.10dB），-20dBm，（22.5±2.5）℃，1300nm /1310nm/ 1550nm（PC/APC）
满量程精度	±5%（±0.21dB），（22.5±2.5）℃	±5.4%（±0.23dB），（22.5±2.5）℃	±6%（±0.26dB），（22.5±2.5）℃
最大非线性误差	0.07dB/10dB	0.07dB/10dB	0.07dB/10dB
短期稳定性	2h，22℃，<0.1dB	2h，22℃，<0.1dB	2h，22℃，<0.1dB
测量分辨率	0.001dB	0.003dB	0.005dB
显示分辨率	0.01dB	0.01dB	0.01dB
连接器方式	FC 或 SC 可选	FC、SC、ST、万用头，用户自行更换	FC、SC、ST、万用头，用户自行更换
供电方式	2 节 AA 电池或充电电池（2.4V）	2 节 AA 电池或充电电池（2.4V）	2 节 AA 电池或充电电池（2.4V）
充电器工作电压	90～263V	90～263V	90～263V
连续工作时间	>30h	>30h	>30h
存储温度	−40～+80℃	−40～+80℃	−40～+80℃
工作温度	−20～+50℃	−20～+50℃	−20～+50℃
尺寸	约 119mm×70mm×29mm	约 119mm×70mm×29mm	约 119mm×70mm×29mm
整机重量（含护套）	约 200g	约 200g	约 200g
附件	镍氢充电电池 2 节，充电器，挂绳，护套	镍氢充电电池 2 节，充电器，挂绳，护套	镍氢充电电池 2 节，充电器，挂绳，护套

光纤测试仪的选择必须满足所用光纤布线系统的测试标准及精度，具体要求如下。

（1）多模光纤布线系统现场测试工具必须满足标准 ANSI/TIA/EIA 526-14A 的要求。

（2）光源必须满足标准 ANSI/TIA/EIA 455-50B 的要求，测试波长为 1300nm 和 850nm。

（3）对多模光纤，可以用现场测试工具，也可以通过标准 ANSI/TIA/EIA 568B.1 所述方式进行测试。

（4）单模光纤布线系统现场测试工具必须满足标准 ANSI/TIA/EIA 526-7 的要求。

 光纤链路认证测试项目内容

一、光纤传输信道的光学连通性测试

光纤传输信道的光学连通性表示光纤通信系统传输光功率的能力。进行光纤传输信道的连通性测试时，通常在光纤通信系统的一端连接光源，把红色激光、发光二极管或者其他可见光注入光纤；在另一端连接光功率计并监视光的输出，通过检测到的输出光功率确定光纤通信系统的光学连通性。如果光纤中有断裂点或其他的不连续点，光纤输出端的光功率就会减少或者根本没有光输出。当输出端测到的光功率与输入端实际输入的光功率的比值小于一定数值时，则认为这条链路光学不连通。

按照 GB/T 50312—2007 的规定，在光纤链路施工前进行器材检验时，一般应检查光纤的连通性，必要时宜采用光纤损耗测试仪（或稳定光源和光功率计组合）对光纤链路的插入损耗和光纤长度进行测试。

二、光功率测试与光功率损失测试

对光纤布线工程最基本的测试是 EIA FOTP-95 标准中定义的光功率测试，它确定了通过光纤传输信号的强度，是光功率损失测试的基础。测试时把光功率计放在光纤的一端，把光源放在光纤的另一端。

光功率损失表示光纤通信链路的衰减。衰减是光纤通信链路一个重要的传输参数，单位是分贝（dB）。它表明了光纤通信链路对光能的传输损耗（传导特性），对光纤质量的评定和确定光纤通信系统的中继距离起到决定性的作用。光信号在光纤中传播时，平均光功率沿光纤长度方向呈指数规律减少。在一根光纤中，发送端与接收端之间存在的衰减越大，两者之间可能传输的最大距离就越短。衰减对所有种类的布线系统在传输速度和传输距离上都产生负面影响。由于在光纤传输中不存在串扰、EMI、RFI 等问题，所以光纤传输对衰减的反应特别敏感。

三、光纤链路的分类测试

通常光纤布线链路的测试包括水平和干线两种。典型的（水平）配线连接段是从位于工作区的信息插座/连接器到电信间。对于水平连接段来说，在一个波长（850nm 或 1300nm）

上进行测试就足够了；对于干线连接段来说，通常采用 OTDR（光时域反射仪）或其他光纤测试仪进行测试。建议无论是单模（SM）还是多模（MM）光纤，都要在两个波长（SM 在 1310nm 和 1550nm，MM 在 850nm 和 1300nm）上进行测试，这样可以综合考虑在不同波长上的衰减情况。

四、光纤链路测试注意事项

（1）对光纤信道进行连通性、端到端损耗、收发功率和反射损耗 4 种测试时，要严格区分单模光纤和多模光纤的基本性能指标、基本测试标准和测试仪器或测试附件。

（2）为了保证测试精度，应选用动态范围大（通常为 60dB 或更大）的测试仪器。在这一动态范围内功率测量的精确度通常被称为动态精确度或线性精度。

（3）为使测量结果更准确，测试前应对所有的光连接器件进行清洗，并将测试接收器校准至零位。值得注意的是，即使是经过了校准的功率计也有大约±5%（0.2dB）的不确定性，测量时所使用的光源与校准时所用的光谱必须一致。其次，要确保光纤中的光有效地耦合到功率计中，最好在测试中采用发射电缆和接收电缆（电缆损耗低于 0.5dB）。最后，必须使全部光都照射到检测器的接收面上，同时又不使检测器过载。

五、测试内容

1．光功率测试

对已敷设的光缆，可用插损法来进行衰减测试，即用一个光功率计和一个光源来测量两个功率的差值。首先测量光源注入光缆的能量，再测量光缆另一端的光射出的能量。测量时为了确定光缆的注入功率，必须对光源和光功率计进行校准，校准后的结果可为所有被测光缆的光功率损耗测试提供一个基点，两个功率的差值就是光纤链路的损耗。

（1）测试设备：光功率计、光源、参照适配器（耦合器）、测试用光缆跳线等。

（2）光纤衰减测试准备工作。

确定要测试的光缆。

确定要测试的光纤类型。

确定光功率计和光源与要测试的光纤类型匹配。

校准光功率计。

确定光功率计和光源处于同一波长。

（3）光纤链路的测试。

按图 6-64 进行连接，连接前应对光连接的插头、插座进行清洁处理，防止由于接头不干净带来附加损耗，造成测试结果不准确。

操作测试仪，在所选择的波长上分别进行两个方向的光传输衰减测试。报告在不同波长上不同方向的链路衰减测试结果（"通过"或"失败"）。

图 6-64　光纤链路衰减测试连接图

2．OTDR 测试

光功率计只能测试光功率损耗，如果要确定损耗的位置和损耗的起因，就要采用光时域反射仪（Optical Time-domain Reflectometer，OTDR）。

OTDR 是光纤测试中最主要的仪器，被广泛应用于光缆工程的测量、施工、维护及验收工作中，是光纤系统中使用频率最高的现场仪器，被人们形象地称为光通信中的"万用表"。

OTDR 测试是通过发射光脉冲到光纤内，然后在 OTDR 端口接收返回的信息来进行的。光脉冲在光纤内传输时，会由于光纤本身的性质、连接器、接合点、弯曲或其他类似的事件而产生散射、反射。其中一部分散射和反射会返回到 OTDR 中，返回的信息由 OTDR 的探测器来测量，由此描绘光纤内不同位置上的时间或曲线片断，将光纤链路的完好情况和故障状态，以一定斜率直线（曲线）的形式清晰地显示在液晶屏上。

OTDR 能根据事件表中的数据，迅速确定故障点的位置和判断障碍的性质及类别，为分析光纤的主要特性参数提供准确的数据。

1）OTDR 主要功能

（1）观察整个光纤线路。

（2）定位端点和断点。

（3）定位接头点（故障点）。

（4）测试接头损耗。

（5）测试端到端损耗。

（6）测试反射值。

（7）测试回波损耗。

（8）建立事件点与地标的相对关系。

（9）建立光纤数据文件。

（10）数据归档。

2）OTDR 基本原理

如图 6-65 所示，OTDR 利用其激光光源向被测光纤发送光脉冲，在光纤本身及各特征点上会有光信号反射回 OTDR，反射回的光信号定向耦合到 OTDR 的接收器中，并由接收器转换成电信号，最终在显示屏上显示出结果曲线。

图 6-65　OTDR 基本原理

3）OTDR 测试用基本术语

OTDR 光纤测试中经常用到的几个基本术语为背向散射、非反射事件、反射事件和光纤末端。

（1）背向散射。

如果线路中有折射率突变、光纤断裂、机械连接、法兰盘和活动连接器，在 OTDR 曲线上就可以看到刺状峰，如图 6-66 所示。OTDR 收到回波信号后会根据回波时间计算出断点与接头的距离，这就是 OTDR 测距原理。

（2）非反射事件。

光纤中的熔接头和微弯都会带来损耗，但不会引起反射或对光传输反射较小，称之为非反射事件。

（3）反射事件。

活动连接器、机械接头和光纤中的断裂点都会引起损耗和反射，把这种反射幅度较大的事件称为反射事件。

（4）光纤末端，即被测光纤的远端。

事件类型及显示如图 6-67 所示。

图 6-66　OTDR 曲线刺状峰

图 6-67　事件类型及显示

两种光纤末端及曲线显示如图 6-68 所示。

图 6-68　两种光纤末端及曲线显示

4）性能参数

OTDR 性能参数一般包括动态范围、盲区、距离精确度、OTDR 接收电路设计和光纤的回波损耗、反射损耗。

（1）动态范围如图 6-69 所示。

把初始背向散射电平与噪声电平的差值（单位为 dB）定义为动态范围。动态范围可决定最大测量长度。动态范围有峰-峰值（又称峰值动态范围）和信噪比（SNR＝1）两种表示方法。

该指标决定了 OTDR 能够分析的最大光损耗值，即决定了 OTDR 可以测量的最大光纤长度。动态范围越大，OTDR 可以分析的距离越远。

图 6-69　动态范围

（2）盲区。

盲区是由光纤线路上的反射事件引起的（接头或活动连接器等）。反射光进入 OTDR 后，探测电路会在某一段时间（即一段距离）内处于饱和状态，结果就是在光纤线路上，不能够"看到"反射事件之后的一段光纤或该区域内所发生的事件，所以称之为盲区。

事件盲区与衰减盲区如图 6-70 所示。

● 事件盲区描述的是能够区分开的两个反射事件的最短距离。

● 如果一个反射事件在事件盲区之外，则该事件可以被定位，距离可以计算出来。

● 衰减盲区是指可以测量随后的一个反射或非反射事件衰减的最小距离。

● 如果一个反射或非反射事件在衰减盲区之外，则该事件可以被定位，损耗也可以测量出来。

图 6-70　事件盲区与衰减盲区

OTDR 测试曲线如图 6-71 所示。

图 6-71　OTDR 测试曲线

OTDR 测距原理如图 6-72 所示，计算公式为

$$d = \frac{tc}{2n}$$

$$t = t_1 - t_0$$

$$c = 3 \times 10^8 \, \text{m/s}$$

式中，n 为所测光纤的折射率。使用 OTDR 测距离时，折射率 n 的设置很重要，如果设置不正确，所测出的距离也将是错误的。

图 6-72　OTDR 测距原理

5）OTDR 可测试的主要参数

（1）纤长和事件点的位置。

（2）光纤的衰减和衰减分布情况。

（3）光纤的接头损耗。

（4）光纤全回损。

技能练习 22　适配器 FTA420S 的使用

（1）接上光纤适配器，如图 6-73 所示。测试仪的某些设置项和功能项会发生改变。

图 6-73　接上光纤适配器

（2）选择测试标准和光纤类型，如图 6-74 所示。

进入"SETUP"选项，按 ENTER 键选择相应标准（对于 FTA420S，须选择带"FTA410/20"的标准）和光纤类型。

（a）选择标准　　　　　（b）光纤测试标准　　　　　（c）选择光纤类型

图 6-74　选择测试标准和光纤类型

（3）选择测试模式，如图 6-75 所示。

FTA420S 一共有三种测试模式：

● Smart Remote Mode。

● Loopback Mode。

● Far End Source Mode。

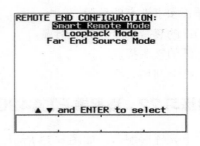

图 6-75　选择测试模式

（4）设置测试参照值。在"SPECIAL FUNCTIONS"中选择"Set Fiber Reference"选

项，按所选测试模式所提示的图形连接，按 TEST 键开始测试，如图 6-76 所示。

图 6-76　设置测试参照值

（5）光功率损耗测量，取有无增加适配器时所测量功率的差，如图 6-77 所示。

图 6-77　光功率损耗测量

被测链路接口与测试仪接口相同的情况如图 6-78 所示。

图 6-78　被测链路接口与测试仪接口相同

被测链路接口与测试仪接口不同的情况如图 6-79 所示。

图 6-79　被测链路接口与测试仪接口不同

（6）查看测试参照值。将旋钮置于"AUTO TEST"挡，按"3"键查看测试参照值，如图 6-80 所示。

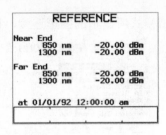

图 6-80　查看测试参照值

（7）设置是否使用双向测试，如果使用双向测试，在测试之中会出现对调两根光纤的提示，以进行双向测试。

在"SETUP"中向下翻到第 5 页，选择要改动的项目，按 ENTER 键确认，如图 6-81 所示。

 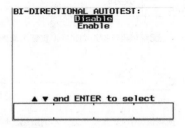

图 6-81　设置是否使用双向测试

相关项目设置如图 6-82 所示。

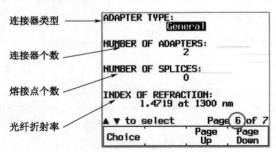

图 6-82　相关项目设置

设置连接器类型和个数，如图 6-83 所示。这两项设置是为了计算被测链路中连接器所产生的损耗极限值。

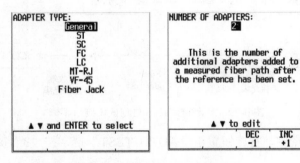

图 6-83　设置连接器类型和个数

（8）确认光纤连接。将旋钮置于"SPECIAL FUNCTIONS"挡，选择"FindFiber"选项，按 ENTER 键确认，如图 6-84 所示。

图 6-84　确认光纤连接

（9）FTA420S 适配器自检如图 6-85 所示。这用于检验适配器是否能够正常工作。将旋钮置于"SPECIAL FUNCTIONS"挡，选择"Fiber Option Self Test"选项，按 ENTER 键确认，再按 TEST 键开始自检。

图 6-85　适配器自检

（10）实时监测如图 6-86 所示。这用于实时监测光纤中的光功率。将旋钮置于"MONITOR"挡，选择"Optical Power"选项，按 ENTER 键确认，再选择所连接光纤的类型。

图 6-86　实时监测

技能练习 23　DTX-FTM 光纤链路认证测试

进程一：选择并安装相关设备

1. 选择并安装测试模块

（1）选择适用于 DTX 测试仪的 DTX-FTM 光缆测试模块，该模块具有双光源/双向测试适配器、集成可视故障定位仪（VFL），可以满足 TIA TSB-140 Tier 1 标准要求，如图 6-87

所示。

该模块分为以下两种。

DTX-MFM：波长为 850nm/1300nm，具有双向测试功能，采用 LED 光源，内置 VFL。

DTX-SFM：波长为 1310nm/1550nm，具有双向测试功能，采用激光光源，内置 VFL。

图 6-87　测试模块

（2）安装测试模块，将适配模块插入 DTX 测试仪的插槽中，如图 6-88 所示。

图 6-88　安装模块

（3）选择"Fiber"并按 ENTER 键，如图 6-89 所示。现在 DTX 测试仪就可以开始进行 Tier 1 光缆自动测试了。

图 6-89　选择"Fiber"

2. 使用光缆卷轴

NF-MANDREL 多模卷轴适用于 LED 光源，如图 6-90 所示。

光缆卷轴起到模式过滤器的作用，可以减少 LED 光源向光缆中发出的光信号中的高次模，提高测试的一致性和损耗测试结果的可重复性，减少错误的失败测量。

光缆卷轴可满足 ANSI/TIA/EIA 568B.1 标准中对发射条件的要求。

3. 安全提示

当测试模块插在测试仪中时，不要直视 DTX-FTM 或 VFL 的输出端口或与输出端口相连的光缆，测试模块输出端口的光源信号会对眼睛造成严重损伤。

图 6-90　光缆卷轴

激光产品的级别如下。

Class Ⅰ——无危险。

Class Ⅱa——观看时间小于 1000s 则安全。

Class Ⅱ——长期观看有危险。

Class Ⅲa——直接观看有严重危害。

Class Ⅲb——直接辐射对眼睛和皮肤有严重伤害。

Class Ⅳ——直接观看或散射对眼睛和皮肤有严重伤害。

进程二：设置参考值

将旋钮转至"SPECIAL FUNCTIONS"挡，设置参考值，如图 6-91 所示。

图 6-91　设置参考值

进程三：选择光纤测试方法并连接链路

方法一：设定参考值时使用一个适配器，实际测试中包含两个适配器。这种方法适用于被测光缆链路中光缆的一端带有连接器的情况，连接模型如图 6-92 所示。

图 6-92　方法一连接模型

方法二：设定参考值时不使用适配器，实际测试中包含两个适配器。这种方法适用于被测光缆链路中光缆的两端都带有连接器的情况，连接模型如图 6-93 所示。

图 6-93　方法二连接模型

方法三：设定参考值时使用两个适配器，实际测试中包含两个适配器。这种方法适用于被测光缆链路中光缆的两端都不带连接器的情况，连接模型如图 6-94 所示。

图 6-94　方法三连接模型

进程四：测试

选中"End 2-1"并按 ENTER 键，显示屏中显示的是光缆从远端光源输出到主机功率计输入的 850nm 和 1300nm 波长的测试结果，如图 6-95 所示。

图 6-95　测试结果

进程五：使用 LinkWare 制作测试报告

（1）按图 6-96 连接 PC 和 DTX 测试仪，在 PC 中安装 LinkWare 及存储卡读取器驱动软件，然后启动 LinkWare。

图 6-96　连接 DTX 测试仪与 PC

（2）第一次启动软件显示为英文，可以选择"Options"菜单下的"Language"→"Chinese"项，将英文转换为中文，如图 6-97 所示。

图 6-97　LinkWare 启动界面

（3）连接存储卡读取器与 PC。

（4）在 LinkWare 工具栏上单击"新建"图标，然后单击红色下箭头快捷图标，选择"DTX CableAnalyzer"下载数据，如图 6-98 所示。

图 6-98　选择"DTX CableAnalyzer"

（5）在"自动测试报告"窗口中，选择需要导入的报告，如图 6-99 所示。

图 6-99 选择需要导入的报告

Fluke DTX 1800 测试仪测试步骤归纳如下。

- 安装 OTDR 模块。
- 选择自动测试模式。
- 进行测试设置。
- 发射光缆补偿。
- 清洁所有将要使用的连接器。
- 连接被测光缆。
- 测试。
- 保存结果。

 常见光纤链路故障检测和分析

光纤链路的安全性，对整个通信网络至关重要。因此，研究光纤故障产生的原因，做好光纤链路的防护，及时准确查找故障点并组织抢修，是保证通信网络中传输设备安全、稳定、可靠的重要工作之一。

一、光纤链路故障原因分析

1．接头

光纤接续处完全失去了原有光缆结构对其强有力的保护，仅靠接续盒进行补充保护，因此易发生故障。接续质量较差或接续盒内进水，会对光纤的使用寿命和接头损耗造成影响。

2．外力

光缆大多敷设在野外，直埋光缆埋设深度要求是 1.2m，因此机械施工、鼠咬、农业活动、人为破坏等会对光纤链路构成威胁。据统计资料显示，除接续故障外，外力造成的故障占 90% 以上。

3. 绝缘不良

光缆绝缘不良会使光缆强度降低甚至断裂，还会增大吸收损耗，降低涂覆层剥离强度。此外，光缆对地绝缘不良，也会使光缆的防雷、防蚀、防强电能力降低。

4. 雷电

光纤虽然不容易受到电磁干扰，但光缆的铠装元件都是金属导体，当电力线接近短路和雷击金属件时会感应出交流浪涌电流，可能会引起线路设备受损或人员伤亡。

5. 强电

当光缆与高压电缆悬挂在同一铁塔上并处于高压电场环境中时，会对光缆产生电腐蚀。

表 6-4 列出了光纤链路常见故障现象及其原因。

表 6-4　光纤链路常见故障现象及其原因

故障现象	故障原因
光纤接线损耗增大	保护管安装有问题或接续盒渗水
光纤衰减曲线出现台阶	光缆受机械力作用，部分光纤断但并未完全断开
某根光纤出现衰减台阶或断纤	光缆受外力影响或光缆制造工艺不当
接续点衰减台阶水平拉长	接续点附件出现断纤
通信全部中断	光缆受外力影响或挖断、炸断、塌方拉断，或供电系统中断

二、光纤链路的防护

光纤链路防护工作的基本任务是发挥各组成元件的优良性能，确保其工作稳定可靠，发生故障能及时快速排除。

1. 日常维护

日常维护是光纤链路防护的基础工作，应根据质量标准，定期按计划维护，使设备处于良好状态，并掌握好维护工作的主要项目和周期。还要加大护线宣传力度，多方位、深层次地进行宣传教育，使广大群众清楚地意识到保护光缆线路的重要性，并将保护光缆作为一种自觉自愿行为。光缆线路的技术维护主要是对光缆进行定期测试，包括光缆线路的性能测试和金属外护套对地绝缘测试。

2. 防雷

光缆加强芯和金属铠装层容易受雷电影响。光缆防雷首先应注重光缆线路的防雷，其次要防止光缆将雷电引入机房。光缆线路可采取以下防雷措施。

（1）采取外加防雷措施，如布防雷线（排流线）。

（2）当光缆与建筑物等其他物体较近时，可采用消弧线保护光缆。为防止光缆把雷电引入机房，可用横截面积为 $25\sim35\text{mm}^2$ 的多股铜线将光缆加强芯接地，并做好加强芯与设备机架和 DDF（数字式配线架）的绝缘。

3. 防蚀

直埋式长途光缆线路所经地方的地理环境易受周围介质的电化学作用，使金属护套及金属防潮层发生腐蚀，影响光缆的使用寿命。对光缆线路一般应采用以下防蚀措施。

（1）改进金属护套及金属防潮层的结构和材料，采用防水性能良好的防蚀覆盖层。

（2）采用新型防蚀管道。

4．技术防护

有铜线的光缆线路，其防护强电影响的措施与电缆通信线路基本相同。对只有金属加强芯而无铜线的光缆线路，一般应采取以下防护措施。

（1）在光缆的接头上，两端光缆的金属加强件、金属护套不做电气通连，以缩短电磁感应电动势的积累段长度，减少强电的影响。

（2）在交流电和铁路附近进行光缆施工或检修作业时，应将光缆中的金属加强件做临时接地，以保证人身安全。

（3）在发电厂、变电站附近，不要将光缆的金属加强件接地，以避免将高电位引入光缆。

（4）当光缆经过高压电场环境时，应合理选择光缆护套材料及防振鞭材料，以防电腐蚀。

三、光缆线路故障检测

光缆线路一旦发生故障，最直接和最主要的表现就是整个线路损耗增大。通过测量光纤链路衰减，可判断故障点及故障性质。目前在实际工程施工维护中，一般采用后向散射法来测量光纤损耗。首先将大功率的窄脉冲注入被测光纤，然后在同一端检测光纤后向散射光功率。由于光纤的主要散射是瑞利散射，因此测量光纤后向瑞利散射光功率就可以获得光沿光纤的衰减和其他信息，通常采用光时域反射仪（OTDR）进行测量。OTDR 采用取样积分仪和光脉冲激励原理，对光纤中传输的光信号进行取样分析，判断出光纤的接续点和损耗变化点。

1．OTDR 的参数设置

使用 OTDR 时，应注意以下参数的设置。

（1）脉冲宽度。脉冲宽度是每次取样中激光器打开的时间长度，其数值由选定的激光器决定。脉冲宽度也取决于当前最大测量距离的设定，通常这两个参数相互关联。窄脉冲可测试较短的光纤，测试精度较高；宽脉冲能以低分辨率测试较长的光纤。

（2）最大范围。最大范围是指 OTDR 所能测试的最大距离，其设定值至少应与被测光纤长度相等，通常应为被测光纤长度的 1.5 倍以上。

（3）平均化次数（时间）。较高的平均化次数会产生较好的信噪比，但所需时间较长，而较低的平均化次数会缩短平均化时间，噪声也更多。

（4）折射率。折射率应与光纤纤芯的折射率一致，否则将引起测量距离的误差。测量时的折射率设定值应由光纤制造厂家提供。

2．OTDR 使用注意事项

利用 OTDR 进行故障精确定位时，测试精度与操作人员对线路的熟悉程度及 OTDR 操作熟练程度有很大关系。一般应注意以下几个方面。

（1）距离的精确定位。

测某点至测试仪的距离时，只要将任意一个光标精确定位后便可读出距离值；测定整个曲线内某一段的长度时，两个光标都应正确定位，以两光标之间的距离为准；确定一个非反射性接头的位置时，应将光标定位于曲线斜率改变处。对于脉冲反射处的正确定位，幅度大于 3dB 的未削波脉冲反射，可将光标调到反射波前沿比峰值低 1.5dB 的位置；幅度小于或等于 3dB 的未削波脉冲反射，可将光标调至其前沿峰值一半以上的位置。无论非反射或反射接头，在精确定位时都应当将曲线尽可能放大，以便精确检测光纤。

（2）OTDR 的盲区。

光纤的测试盲区分为事件盲区和衰减盲区。在 OTDR 测量中，盲区随脉冲宽度的增加而增加。为提高测试精度，进行短距离测试时应采用窄脉冲，进行长距离测试时应采用宽脉冲，以减少盲区对测量精度的影响。

（3）测试中的"增益"现象。

由于接续的两根光纤具有不同的模场直径或后向散射光功率，当第二根光纤的后向散射光功率高于第一根光纤时，OTDR 波形会显示出第二根光纤有更大的信号电平，接头好像有功率增益。从另一方向测量同一接头，所显示的损耗将大于实际损耗，所以只有将两个方向的测量结果平均才能得到真实的接续损耗值。

（4）OTDR 的测试精度。

对于现有的 OTDR 测试，动态范围已不是主要问题，提高测试精度主要是对不同的光缆线路采取不同的设置方法。首先应正确设定被测光纤的折射率、估计长度。其次应用宽脉冲粗测光纤长度。当光纤长度基本明确后，应调整脉宽和测试量程，使量程为测试长度的 1.5～2 倍，脉宽小于事件盲区，这时的测试精度最高。

3．光纤端接面的故障检测

灰尘及其他污染是影响光纤链路的主要因素。光纤设备的连接器通常密闭安装在前面板或背板上，检测起来比较困难。如果插入一个受污染的连接跳线，在设备内部的接触点也将受到污染并造成信号衰减。千兆位以太网标准规定对光纤链路损耗的余量只有 2.38dB，稍微不洁就会造成严重的影响。

在诊断光缆故障时，采用适当的测试工具，如视频放大镜、OTDR 等，可以有效地缩短故障诊断时间，减少由于网络中断而造成的损失，以及测试对连接端面造成的新的污染。

参 考 文 献

[1] 中华人民共和国住房和城乡建设部. 综合布线系统工程设计规范：GB 50311—2016[S]. 北京：中国计划出版社，2017.

[2] 中华人民共和国住房和城乡建设部. 综合布线系统工程验收规范：GB/T 50312—2016[S]. 北京：中国计划出版社，2017.

[3] 孟源北. 广州市中等职业教育工学结合课程建构研究[M]. 北京：高等教育出版社，2010.

[4] 余明辉，陈兵，何益新. 综合布线技术与工程[M]. 北京：高等教育出版社，2008.

[5] 雷建军. 计算机网络实用技术[M]. 2版. 北京：中国水利水电出版社，2005.

[6] 刘省贤. 综合布线技术教程与实训[M]. 2版. 北京：北京大学出版社，2009.

[7] 王勇. 计算机网络与信息安全教育规划教材·网络综合布线与组网工程[M]. 2版. 北京：科学出版社，2011.

反侵权盗版声明

    电子工业出版社依法对本作品享有专有出版权。任何未经权利人书面许可，复制、销售或通过信息网络传播本作品的行为；歪曲、篡改、剽窃本作品的行为，均违反《中华人民共和国著作权法》，其行为人应承担相应的民事责任和行政责任，构成犯罪的，将被依法追究刑事责任。

    为了维护市场秩序，保护权利人的合法权益，我社将依法查处和打击侵权盗版的单位和个人。欢迎社会各界人士积极举报侵权盗版行为，本社将奖励举报有功人员，并保证举报人的信息不被泄露。

举报电话：（010）88254396；（010）88258888

传　　真：（010）88254397

E-mail：　dbqq@phei.com.cn

通信地址：北京市万寿路 173 信箱

         电子工业出版社总编办公室

邮　　编：100036